青少年编程能力等级测试专用教程

NCT Python编程·一级

中国软件行业协会培训中心 主编

山东人民出版社·济南
国家一级出版社 全国百佳图书出版单位

图书在版编目（CIP）数据

NCT青少年编程能力等级测试专用教程．Python编程．一级/中国软件行业协会培训中心主编．--济南：山东人民出版社，2022.6

ISBN 978-7-209-13357-9

Ⅰ．①N… Ⅱ．①中… Ⅲ．①软件工具-程序设计-青少年读物 Ⅳ．①TP311.1-49

中国版本图书馆CIP数据核字(2021)第175724号

NCT青少年编程能力等级测试专用教程　Python编程·一级

NCT QINGSHAONIAN BIANCHENG NENGLI DENGJI CESHI ZHUANYONG JIAOCHENG Python BIANCHENG YIJI

中国软件行业协会培训中心　主编

主管单位　山东出版传媒股份有限公司
出版发行　山东人民出版社
出 版 人　胡长青
社　　址　济南市市中区舜耕路517号
邮　　编　250002
电　　话　总编室（0531）82098914
　　　　　市场部（0531）82098027
网　　址　http://www.sd-book.com.cn
印　　装　山东临沂新华印刷物流集团有限责任公司
经　　销　新华书店

规　　格　16开（185mm×260mm）
印　　张　12.25
字　　数　220千字
版　　次　2022年6月第1版
印　　次　2022年6月第1次
ISBN 978-7-209-13357-9
定　　价　65.00元

编委会

序 言

信息技术和人工智能技术的发展，为整个社会生产方式的改进和生产力的发展带来前所未有的提升。人工智能不仅已经融入我们生活的方方面面，也成为国家间战略竞争的制高点。培养创新型信息技术人才将成为国家关键领域技术突破的重中之重。

为贯彻国家《新一代人工智能发展规划》精神，教育部办公厅印发《2019 年教育信息化和网络安全工作要点》，要求“在中小学阶段设置人工智能相关课程，逐步推广编程教育”，教育部教育信息化技术标准委员会（CELTSC）组织研制、清华大学领衔起草了《青少年编程能力等级》团体标准第 1 部分、第 2 部分，2019 年 10 月全国高等学校计算机教育研究会、全国高等院校计算机基础教育研究会、中国软件行业协会、中国青少年宫协会联合发布了该标准。

NCT 全国青少年编程能力等级测试基于《青少年编程能力等级》标准，并结合我国青少年编程教育的实际情况、社会应用及发展需要而设计开发，是国内首个通过 CELTSC《青少年编程能力等级》标准符合性认证的等考项目。中国软件行业协会培训中心作为《青少年编程能力等级》团体标准的执行推广单位，已于 2019 年 11 月正式启动全国青少年编程能力等级测试项目，旨在促进全国青少年编程教育培训工作的快速发展，为中国软件、信息、人工智能等领域的人才培养和储备做出贡献。

为更好推动 NCT 发展，提高青少年编程能力，中国软件行业协会依据标准和考试大纲，组织业内专家编撰了本套《NCT 青少年编程能力等级测试专用教程》。根据不同测试等级要求，基于 6 ～ 16 岁青少年的学习能力和学习方式，本套教程分为图形化编程：Level 1 ～ Level 3，共三册； Python 编程：Level 1 ～ Level 4，共四册。图形化编程，可以让孩子在动画和游戏设计过程中，进行自我逻辑分析、独立思考，启迪孩子的创新思维，可以让孩子学会提出问题、解决问题，其成果直观可见，不仅帮助孩子体验编程的乐趣，还能增添孩子的成就感，进而激发孩子学习编程的兴趣。而 Python 作为最受欢迎的编程语言之一，已在大数据、云计算和人工智能等领域都有广泛的应用，缩短了大众与计算机科学思维、人工智能的距离。

本套教程符合当代青少年教育理念，课程内容按照从基本技能到核心技能再到综合技能的顺序，难度由浅入深、循序渐进。课程选取趣味性强、生活化的教学案例，帮助学生加深理解，提高学生的学习兴趣和动手实践能力。实例和项目的选取体现了课程内容的全面性、专业岗位工作对象的典型性和教学过程的可操作性，着重培养学生的实际动手能力与创新思维能力，以优化学生的知识、能力和素质为目的，使学生在学习过程中掌握编程思路，增强计算思维，提升编程能力。因此，本套教程非常适合中小学学校、培训机构教学及学生自学使用。

教程编写后，我们邀请全国业内知名专家学者、一线中小学信息技术课教师和专业培训机构人员组成了评审专家组，专家组听取了关于教程的编写背景、思路、内容、体系等方面的汇报，认真阅读了本套教程，对本套教程给予了充分肯定，同时提出了宝贵的修改建议，为教程质量的进一步提升指明了方向。经讨论，专家组给出如下综合评审意见：本套教程紧扣《青少年编程能力等级》团体标准，遵循青少年认知规律，整体框架和知识体系完整，结构清晰，逻辑性强，语言描述流畅，适合青少年阅读学习。课程内容由浅入深、层层递进，案例贴近生活，是对青少年学习编程具有很强示范性的好教程，值得推广使用。

未来是人工智能的时代，掌握编程技能是大势所趋。少年强则国强，青少年朋友在中小学阶段根据自己的兴趣，打好编程基础，对未来求学和择业都大有裨益。相信青少年在国家科技发展、解决国家核心科技难题方面，一定能做出自己应有的贡献。

Python 编程语言概述

什么是编程语言?

当今世界，计算机的身影无处不在，各行各业都需要使用计算机来完成各项工作。日常生活中电脑、手机的功能也越来越强大，计算机能为学习和生活带来极大方便，而这些强大的功能都需要通过安装各类软件来实现。编程，就是制作这些计算机软件的过程，编程设计用的语言就是编程语言。

学会编程语言，我们可以开发电脑、手机的应用程序，也可以构建酷炫的三维虚拟世界游戏供人们休闲娱乐，还可以控制工厂的机器、路上的汽车、军队的战斗机，甚至太空中的航天飞机等，让这些设备实现自动化工作，服务人类。

为什么选择 Python 作为入门语言?

当今世界上有将近 600 种编程语言，比较常用的有 20 余种，各种语言适用的场景不同，语法风格也不同。本教材中我们学习其中的一种叫作 Python 的语言。Python 语言以其简洁的语法和强大的功能被越来越多的工程师认可和使用，是最适合作为编程入门的语言之一。Python 语言能让编程者把大部分时间用在逻辑设计上，而不是复杂且容易出错的语法上。

Python 语言还是人工智能领域开发的首选语言，有丰富的第三方库可供使用，掌握了 Python 语言就像掌握了人工智能的钥匙，开启了通向未来的大门。

Python 语言编辑器的安装

很多工具软件都可以用来编写程序，比如我们可以直接用 Windows 自带的记事本来编写 Python 程序，但是记事本里没有任何辅助工具帮助我们高效地编写程序，所以大部分人不会选择直接在记事本里书写程序，而是选择有更多辅助功能的集成开发环境（IDE，Integrated Development Environment）。我们可以在 Python IDE 中编写程序代码，该软件给我们提供了很多便捷的辅助功能，如项目管理、代码提示、代码着色、自动缩进、错误提醒、解释并运行程序等。

用于编写 Python 程序的编辑软件有很多种，Python 自带的编辑器叫作 IDLE，其功能相对单一，交互界面不够友好。NCT 青少年编程能力等级测试官方推荐的海龟编辑器是一种简单易用且功能丰富的 Python 程序编辑软件，比较适合青少年入门学习使用。

使用浏览器访问 NCT 官方网站 https://www.nct-test.com/，在软件下载栏目中找到海龟编辑器，点击下载安装即可。

有一定编程基础的同学也可以选择使用 Python 原生编辑器。用浏览器访问 Python 官网 https://www.python.org/ 可以下载 Python 安装包，安装完成后即可从开始菜单中找到 IDLE，点击“打开”进行使用。

除此之外比较流行的 Python 集成开发环境还有 PyCharm、VS Code 等，有兴趣的爱好者，可以自行下载安装，查看相关的操作说明来进行学习使用。

目录

第三单元 循环结构

第四单元 turtle 库

第五单元 列表

第六单元　字符串的处理

第一单元
开启 Python 编程之门

推开神秘的编程之门，
写下第一行程序代码，
在计算机的神秘世界里自由探索……

- 开启 Python 编程之门
  - Python，你好
    - print () 函数介绍
    - 函数参数说明
    - 顺序结构
  - 认识变量
    - 变量概念
    - 简单数据类型：整数型、浮点数型、字符串
    - 变量命名规则
  - 数学运算
    - 四则运算：+、−、*、/
    - 取整运算、取模运算和幂运算：//、%、**
    - 运算优先级
  - IPO 和数据类型转换
    - 输入函数 input ()
    - 数据类型转换函数：int ()、float ()、str ()
    - IPO 介绍
  - 数学计算函数
    - round () 函数、pow () 函数
    - len () 函数
    - max () 函数、min () 函数

第 1 课 Python，你好

当开始学习一门新的编程语言时，我们通常都会编写一个简短的程序来验证编程环境是否正常。现在启动海龟编辑器，让我们开启神秘的编程之旅吧。

编程新知

print() 函数

在代码编辑区域输入以下代码，点击“运行”按钮，就可以看见在控制台输出了程序的运行结果。（注意：Python 代码中用到的标点符号都是英文半角输入法状态下的标点符号。）

```
1  print('Python 你好')
```

控制台

```
Python 你好
程序运行结束
```

看到“程序运行结束”字样，表示我们的程序没有发生语法错误，正常执行完毕了。

在这段程序中出现的“print()”是一个函数，它的功能是向控制台输出文字，便于用户查看程序运行结果。除了 print() 函数之外还有很多其他函数，他们各自能实现不同的功能，调用这些函数都需要在函数名后面加括号。

参数

print() 函数括号内的内容叫作参数。print() 函数的参数可以是数字、文字，甚至可以是一个数学表达式，而且支持多个参数，多个参数之间需要用逗号分隔。数字类型的参数不用加引号；数学表达式会先计算然后输出计算后的结果；文字需要用引号包裹，这种形式的数据叫作字符串，字符串的内容会原样输出。

编程示例：

```
1  print() # 打印输出为空，占一空行
2  print(99) # 数字
3  print('我的年龄是',10,'岁') # 字符串和数字是不同参数
4  print(99 + 98) # 数学表达式，程序自动计算
5  print('99 + 98') # 引号包裹的是字符串
```

控制台

```

99
我的年龄是 10 岁
197
99 +98
程序运行结束
```

从上面的程序运行结果可以看出，print() 函数不加任何参数也可以执行，它能输出一个空行。

99 是数字类型的参数，print() 函数会直接将其输出到控制台。

print() 函数输出多个用逗号分隔的参数时，参数输出结果之间会自动添加一个空格来分隔。

99 + 98 是一个数学算式，计算机会先计算其结果然后直接输出 197，而 '99 + 98' 前后用引号包裹，作为一个字符串，字符串内的内容不会自动进行数学运算，会原

样输出。

每次执行 print() 函数输出完内容后，控制台会自动换行。

一个程序中有多行语句时，程序会自上而下依次执行，我们把这种程序结构叫顺序结构。在以后的学习中我们还会学到分支结构（选择结构）和循环结构，这三种结构是程序设计的三种基本结构。

保存程序

编写完第一个程序后点击“文件”菜单下的“保存”，即可把我们写的第一个程序保存在电脑上。以后可以通过“打开”菜单项，再次打开这些程序进行修改。

为了养成良好的文件管理习惯，我们最好在电脑中建立一个以自己名字命名的文件夹，保存程序时取一个能表达程序内容的文件名，如第一个程序命名为“hello.py”。

知识要点

1. print() 函数

把参数的内容输出到控制台，参数可以为空、字符串、数字或数学表达式。

2. 参数

调用任何函数都需要在函数名后面写上括号，括号内的数据称为参数。函数的参数可以有多个。

3. 程序的三种基本运行结构

顺序结构、分支结构、循环结构。

课堂练习

1. 多数人学一门新编程语言的时候都会先写一个 Hello World 程序，来测试开发环境是否已经正确安装。请同学们编写一个程序，向控制台输出“Hello World”字样，程序运行无误后把程序保存在自己的文件夹下，命名为“HelloWorld.py”。

2. 用 print() 函数写一个自我介绍的程序，输出自己的名字、年龄、爱好等信息。

输出样例：

我叫小明，今年 9 岁，我爱编程。

3. 新建一个程序，用 print() 函数输出一首古诗，比一比，谁写的程序运行输出后，格式更优美。（可以用空格来调整文字输出的位置，以达到美观的效果。）

4. 请同学们用程序计算下面算式的结果（　　）。

8749974 + 97484 − 873

5. 运行下列代码，输出的结果是（　　）。

```
1  print('6 + 3')
```

A. 9　　B. 6 + 3

C. 63　　D. 程序错误，没有输出

6. 下列选项中不能输出 6 的是（　　）。

A. print('6')　　B. print('2 + 4')

C. print(2 + 4)　　D. print(6)

7. 下面程序的运行结果是什么？先想一想，然后写程序验证自己的猜想。

```
1  print(6 + 2)
2  print('6 + 2')
```

编程百科

为了让初学者更容易记住众多的函数和关键字，海龟编辑器为大家提供了积木模式，这些积木就像 Scratch 和 Kitten 里的积木一样容易使用，Python 语言中的 print() 函数相当于图形化编程中的“对话”积木，print('Python，你好 ') 可以把结果输出到控制台，而“对话”可以在角色的头顶显示文字。

在计算机编程中，我们用变量来临时存放数据，以便于进行各种运算。比如我们可以用变量来保存游戏得分、英雄的生命值、敌人的血量等。学会创建和使用变量是学会 Python 的前提。

编程新知

变量的创建和赋值

创建变量并赋值的方法如下：

变量名 = 值

编程示例：

```
1  a = 100
2  b = 20
3  print(a, b)
```

控制台

```
100 20
程序运行结束
```

我们用这两行代码创建了两个变量，一个是 a，一个是 b。a 变量的值是数字 100，b 变量的值是数字 20。

这两个变量就好像有两张便笺纸，名字是 a、b，两张纸上分别写了 100 和 20。

给变量赋值，我们用赋值号“=”，这里的“=”和数学上的等号是不同的概念。数学中的“=”是计算“=”左边的表达式，将计算结果写在“=”右边，而 Python

编程中的“=”是将“=”右边的计算结果赋值给左边的变量。后面的章节中会用到条件判断符号“==”，是用来判断两个数是否相等。

变量的值可以用 print() 函数打印输出到控制台。

变量之所以叫变量，就是因为变量的内容是可以改变的，我们可以随时使用赋值号“=”更改变量的值。

编程示例：

```
1  a = 100
2  a = 200
3  print(a)
```

控制台

```
200
程序运行结束
```

可以看出变量 a 的初始值是 100，后来被改成 200 了。

我们也可以把一个变量的值赋值给另一个变量，或者把一个表达式的计算结果赋值给一个变量。

编程示例：

```
1  a = 100
2  b = a
3  print(a, b)
4  c = 12 + 13
5  print(c)
6  d = a + 13
7  print(d)
8  a = d
9  print(a)
```

控制台

```
100 100
25
113
113
程序运行结束
```

变量的命名规则

变量可以根据程序的需要命名，但需要注意一定的规则：

1. 变量名可以由字母、数字、下划线甚至汉字组成，但是不能用数字开头。例如，“a1”是合法的变量名，但是“1a”是非法的，因为“1a”以数字开头，运行时编辑器会提示语法错误。

编程示例：

```
1  a1 = 0
2  1a = 1
```

控制台

```
File "/Users/apple/Desktop/tmp.py", line 2
  1a=1
   ^
SyntaxError: invalid syntax
程序运行结束
```

变量尽量用对应意思的英文单词命名，以增加程序的可读性。

如，student_age、school_name、user_address 都是比较好的变量名，可以通过单词看出该变量要表达的意思。

2. 变量名需要区分大小写，例如 name 和 Name 表示两个不同的变量。

```
1  name = " 加加 "
2  Name = " 多多 "
3  print(name, Name)
```

控制台

```
加加 多多
程序运行结束
```

3. 变量名不能与 Python 的保留字重名，比如 if，for，while 等，否则会引起语法错误（Python 中的保留字见附录）。

编程示例：

```
1  if = ' 如果 '
2  print(if)
```

控制台

```
File "/Users/apple/Desktop/tmp.py", line 1
  if = ' 如果 '
     ^
SyntaxError: invalid syntax
程序运行结束
```

4. 变量名里面不能包含“+”“-”“*”“.”“%”“!”“#”“&”等特殊字符，不过有一个特殊字符可以用，就是下划线“_”，我们可以用下划线来连接两个单词，让变量名更容易理解。如：

student-name 是错误的变量名称，因为包含减号。

student_name 是正确的变量名。

下划线出现在第一位也是可以的，如：“_name”也是合法的名字。

含有空格的变量名是非法变量名，如：“student name”是非法变量名。

变量的数据类型

变量可以用来临时存储数据，如果存储姓名、家庭住址这样的文字，这种变量叫字符串；如果存储年龄，用的是整数类型；如果存储身高、考试成绩，则用浮点数（小数）类型表示。字符串、整数、浮点数都是常用的数据类型。下面，我们就 Python 的数据类型做详细介绍。

整数类型（int）

Python 中整数类型用来表示整数，包括正整数、负整数和 0。

浮点数类型（float）

带小数点的数字称为浮点数，例如 1.0、1.2、0.3 等。

字符串类型（str）

在 Python 中，用一对引号创建一个字符串，字符串里的内容可以是文字、数字、标点符号等。引号可以是单引号、双引号、3 个单引号、3 个双引号。一对单引号或者双引号包裹的字符串不能折行书写，一对 3 个单引号或者双引号包裹的字符串可以折行书写。

编程示例：

```
1  # 一对单引号或者双引号包裹的字符串，只能是一行信息
2  str1 = ' 光头强 '
3  str1 = " 光头强 "
4  # 一对 3 个单引号或者双引号包裹的字符串，可以是多行信息
5  str2 = '''
6  熊大是哥哥
7  熊二是弟弟
8  '''
9  str3 = """
10 可以写多行
11 可以写多行
12 """
```

下面的字符串格式是错误的。

```
1  str1 = 'hello"
2  str2 = '''hello'
3  str3 = ''hello''
4  str4 = ''''hello''''
```

数字加上引号包裹起来，就不是数字了，而是字符串。

编程示例：

```
1  num1 = '6'
2  num2 = '8'
3  print(num1 + num2)
```

控制台

```
68
程序运行结束
```

我们看到，此时字符串相加并不是把数字相加得到和，而是把两个数字作为字

符串连接在一起了，拼接成了“68”的字符串。字符串相加叫作字符串连接，我们可以用这种方法把两个或多个字符串连接成一个字符串。

编程示例：

```
1  name1 = " 熊大 "
2  name2 = " 光头强 "
3  print(name1,name2) # 打印 2 个变量之间有空格分隔
4  print(name1 + name2) # 打印 2 个变量直接拼接在一起
```

控制台

```
熊大 光头强
熊大光头强
程序运行结束
```

两个字符串变量用“+”连接起来之后就成了一个字符串了，它们之间没有空格，而如果用逗号分隔开输出，中间会自动添加一个空格来间隔。

字符串不能像数字一样进行数学运算，如果一个计算式中，既有字符串，又有数字，进行“+、-、/”运算就会提示错误，因为在运算中字符串和数字不是同一个类型。

编程示例：

```
1  num1 = 6
2  num2 = '8'
3  print(num1 + num2)
```

控制台

```
Traceback (most recent call last):
  File "D:\tmp.py", line 29, in 〈module〉
    print (num1+num2)
TypeError:unsupported operand type(s) for +: 'int' and 'str'
程序运行结束
```

字符串能与整数相乘，不是进行数学运算，而是把字符串拼接 n 遍。

编程示例：

```
1  b = 'hello' * 3
2  print(b)
```

控制台

```
hellohellohello
程序运行结束
```

我们可以用这种方法打印出很多相同的字符。

编程示例：

```
1  print('+' * 50)
2  print(' ' * 20,'你好，Python')
3  print('+' * 50)
```

控制台

```
++++++++++++++++++++++++++++++++++++++++++++++++++
                    你好，Python
++++++++++++++++++++++++++++++++++++++++++++++++++
程序运行结束
```

Python 中的注释

注释是写在程序中对代码的说明，程序运行时，注释不会被计算机执行。在 Python 中用“#”来表示注释，在一行中“#”后写的所有文字被认为是注释。

编程示例：

```
1  # 程序作者：小明
2  print('Hello World') # 输出 Hello World 到控制台
```

合理地添加注释可以帮助他人更好地理解程序的设计思路和修改记录，对于复杂的程序，添加注释是一项重要的工作。

除了用“#”可以表示单行注释，Python 中还提供了其他几种注释方法，我们可以用一个字符串来表示注释。

编程示例：

```
1  # 这是注释
2  '这也是注释'
3  "这也是注释"
4  '''多行注释，
5  可以折行'''
6  """三个双引号也能表示注释，
7  也可以折行"""
```

我们在编写程序的时候，经常需要编写开发程序的日期、作者、程序代码的功能作用、修改过程、版本号等。

编程示例：

```
'''
程序名称：学生管理系统
功能介绍：存储学生姓名、学号、性别以及学生对应的成绩
作　者：小 π 老师 @ 圆周率公司
日　期：2021 年 3 月 1 日
版本编号 :V1.0
修改日志：2021 年 3 月 10 日，新增学校信息
'''
```

知识要点

1. 变量的创建和赋值

变量名 = 值

2. 变量的命名规则

（1）变量名由字母、数字和下划线组成，但是不能以数字开头；

（2）变量名中的字母区分大小写；

（3）变量名不能使用 Python 的保留字；

（4）变量名不可以包含下划线以外的特殊字符，包括空格。

3. 变量的数据类型

整数、浮点数和字符串都是 Python 中常见的基础数据类型。

4. 字符串的乘法

字符串不能做数学运算，字符串与整数相乘表示拼接 n 次字符串。

5. 注释

Python 语言中用“#”表示单行注释，没有名字的字符串也可以表示注释。

课堂练习

1．下列选项中，能正确将数值 5 赋值给变量 a 的是（　　）。

A．5 = a　　B．a = 5

C．5 == a　　D．a == 5

2．下面哪个名字可以用来做变量名？（　　）

A．if　　B．while

C．for　　D．_name

3．下面程序的运行结果是？（　　）

```
1  a = 5
2  b = 3
3  a = b
4  print(a)
```

编程百科

1．Python 中，可以同时在一行中对多个变量赋值，也可以将不同的值赋值给不同的变量：

```
1  a1 = b1 = c1 = 100
2  print(a1,b1,c1)
3  a2,b2,c2 = 100,200,300
4  print(a2,b2,c2)
```

控制台

```
100 100 100
100 200 300
程序运行结束
```

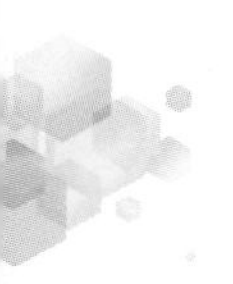

2. 在图形化编程中也有变量积木，作用与 Python 中的变量作用相同。

第3课　数学运算

计算机最初被发明就是为了做数学运算的，这节课中我们学习如何用变量做数学运算。

编程新知

变量的四则运算

利用变量可以方便地做加、减、乘、除等运算，运算符号分别是："+""-""*""/"。运行下面程序查看执行结果：

```
1  a = 100
2  b = 20
3  print(a + b)
4  print(a - b)
5  print(a * b)
6  print(a / b)
```

控制台

```
120
80
2000
5.0
程序运行结束
```

浮点数进行计算，结果仍然是浮点数：

```
1  print(0.1 + 0.1)
2  print(0.1 + 0.3)
3  print(4 / 2)
4  print(1.0 + 2)
```

控制台

```
0.2
0.4
2.0
3.0
程序运行结束
```

整数与浮点数混合运算，计算机会自动把整型转换成浮点型再运算。

```
1  print(1 + 5.0)
```

控制台

```
6.0
程序运行结束
```

我们也可以把运算结果赋值给另一个变量，然后再执行其他操作。

编程示例：

```
1  a = 100
2  b = 20
3  c = a + b
4  d = c * 2
5  print(d)
```

控制台

```
240
程序运行结束
```

可根据需要决定将运算结果先存放在变量中还是直接输出，没有特殊要求。

取整除和取模运算

在 Python 中，两个数相除无论是否能除尽，得到的结果都是小数。

编程示例：

```
1  print(6 / 2)
2  print(5 / 2)
```

控制台

```
3.0
2.5
程序运行结束
```

有时候我们希望得到 5 除以 2 的商和余数，这应该怎么做呢？这就需要用到取整除运算符“//”和取模运算符“%”。用法如下：

```
1  print(6 // 2)
2  print(5 // 2)
3  print(5 % 2)
```

控制台

```
3
2
1
程序运行结束
```

可以看到，6 整除 2 得到的是整数 3，5 整除 2 得到的是 2，5 除以 2 的余数是 1。

取整除运算和取模运算可以用在很多场合，比如我们拿 10 块钱去买饮料，饮料是 3 块钱 1 瓶，计算 10 块钱能买几瓶饮料就需要用取整除运算，计算剩余钱数就要用到取模运算。

取模运算的用途很广泛，如：工人师傅用红橙黄绿青蓝紫 7 种颜色的木板装饰墙面，为了节省时间，两个人同时施工，第二个工人从第 101 块开始安装，问第二个工人首先应该安装什么颜色的木板？这时候我们就可以用取模运算轻松地求出答案了。

幂运算

幂运算符“**”，用来计算一个数的 n 次方。

编程示例：

```
1  print(6 ** 2)
2  print(2 ** 3)
```

控制台

```
36
8
程序运行结束
```

分别计算 6 的 2 次方和 2 的 3 次方。

计算 6 的 2 次方完全可以写成 6*6，这与 6**2 结果是完全一样的。但是在有些情况下用乘法会比较麻烦，比如：假设一张纸的厚度是 0.2 毫米，要计算这张纸对折 30 次的厚度，如果全用乘法则需要写太多代码。

0.2*2*2*2……*2，我们要写 30 遍乘 2，但是用乘方运算就很简单了。

```
1  print(0.2 * 2 ** 30)
```

控制台

```
214748364.8
程序运行结束
```

运算优先级

在 Python 的数学表达式中，数字之间进行混合运算的时候，先进行乘方运算，其次是乘除运算，最后加减运算。如果有括号，先算括号里面的表达式。例如：

```
1  n = (10 - 3) * 2
2  print(n)
```

控制台

```
14
程序运行结束
```

可以看到程序是先运算括号内的“10–3”，然后再乘 2。

知识要点

1. 变量的四则运算

变量的加减乘除用“+”“–”“*”“/”。

2. 取整除

取整除运算符“//”，计算后保留整数部分。

3. 取模运算

取模运算符“%”，可以计算两个整数相除之后的余数。

4. 幂运算

幂运算符“”，计算一个数的 n 次方。**

5. 运算优先顺序

先幂运算，再乘除，最后加减，有括号先计算括号内表达式。

6. 自动类型转换

整数相加、相减、相乘结果仍然是整数，相除结果是浮点数。

浮点数加减乘除之后结果仍是浮点数。

整数与浮点数混合运算会自动转变成浮点数。

课堂练习

1．运行下列代码，输出结果是（　　）。

```
1  x = 5
2  x = x * 10 / 5
3  print(x)
```

A．5　　B．2

C．50　　D．10.0

2．运行下列代码，输出结果是（　　）。

```
1  print(6 + 2)
```

A．6 + 2　　B．8

C．"6 + 2"　　D．程序错误，没有输出

3．运行下列代码，输出结果是（　　）。

```
1  print(124 + 3.0)
```

A．127　　B．127.0

C．154　　D．程序有误，无输出值

4. 运行下列代码，输出结果是（　　）。

```
1  a = 21
2  b = 10
3  c = 0
4  c = a * b
5  print(c)
```

A. 21　　B. 10

C. 0　　D. 210

5. 运行下面程序的输出结果是（　　）。

```
1  print(3 ** 2)
2  print(3 * 2)
3  print(3 % 2)
4  print(3 / 2)
5  print(3 // 2)
```

6. 编写程序计算下列问题：

（1）一个长方形的长是 30 米，宽是 25 米，问：这个长方形的面积是多少？

（2）猎狗的最高速度是 56 千米 / 小时，鸵鸟的最高速度是猎狗的 1.3 倍，鸵鸟的最高速度是多少？

（3）世界上最大的一棵巨杉，重量是蓝鲸的 18.7 倍，高是蓝鲸的 3.2 倍，蓝鲸的体重是 150 吨，体长是 25.9 米。问：这棵巨杉重多少吨，高多少米？

7. 全班 53 人参加足球比赛，每支队伍 11 人，请用程序计算是否能全部组队，如果不能，最后剩余几个人无法组队？

8. 假设今天是星期三，请同学们编程计算再过 10 天是星期几。再过 1000 天呢？

赋值运算符

赋值运算符：用于对象变量的赋值，将运算符右边的值（或计算结果）赋给运算符左边的变量。可以直接使用基本赋值运算符“=”，同时也可以运算后再赋值给左边的变量。如下图所示：

Python 赋值运算符		
运算符	描述	实例
=	简单的赋值运算符	c = a + b 将 a + b 的运算结果赋值为 c
+=	加法赋值运算符	c += a 等效于 c = c + a
-=	减法赋值运算符	c -= a 等效于 c = c - a
*=	乘法赋值运算符	c *= a 等效于 c = c * a
/=	除法赋值运算符	c /= a 等效于 c = c / a
%=	取模赋值运算符	c %= a 等效于 c = c % a
**=	幂赋值运算符	c **= a 等效于 c = c ** a
//=	取整除赋值运算符	c //= a 等效于 c = c // a

“+=”的意思是把变量增加一个数之后再次赋值给该变量，如：

```
1  a = 100
2  a += 1
3  print(a)
```

输出的结果是 101，“a += 1”的意思是把变量 a 增加 1，然后赋值给 a，简单地理解为变量 a 自增 1，这与图形化编程中的“使变量增加 1”的效果是一样的。不怕麻烦的话我们写成“a = a + 1”。同学们可以试一下“*=”“/=”等运算符参与的运算会是什么结果。

第 4 课　数据类型转换

直接把数据存放在变量中进行运算固然行得通，但是每次运算不同的数据时都需要修改程序则不太正规，我们希望程序运行之后由用户自己输入要运算的数据，这样才能做到程序的通用性。

编程新知

input () 函数

Python 中用 input() 函数接受用户的键盘输入，输入的数据我们可以把它存在变量中。该函数的用法如下：

```
s = input ("提示输入信息")
```

编程示例：

```
1  name = input ('请输入你的名字：')
2  age = input ('请输入你的年龄：')
3  print ('我的名字是',name)
4  print ('我的年龄是',age,'亿年')
```

控制台

```
请输入你的名字：地球
请输入你的年龄：46
我的名字是 地球
我的年龄是 46 亿年
程序运行结束
```

可以看到，input() 函数会堵塞程序，等待用户输入，等用户输入完成后 input() 函数会把得到的用户输入返回给赋值号前面的变量。

input() 函数获得的输入都是字符串类型的。

如果我们尝试把输入的数据直接用来做数学运算，程序将会报错。

```
1  age = input ('请输入你的年龄：')
2  year = 2021 - age
3  print ('你是',year,'年出生的')
```

控制台

```
请输入你的年龄：10
Traceback (most recent call last):
  File "/Users/apple/Desktop/tmp.py", line 2, in <module>
    year=2021-age
TypeError: unsupported operand type(s) for -: 'int' and 'str'
程序运行结束
```

这是因为我们在用一个数字去减一个字符串，而字符串不能用来做数学运算。

如何把上面的字符串转换成整数再进行计算呢？

int () 函数

int() 函数可以将字符串中的数字转换成整数类型，也可以将浮点数类型的变量转换成整型。编程示例：

```
1  score1 = '90'
2  score2 = 98.5
3  score3 = 89
4  total_score = int (score1) + int (score2) + int (score3)
5  print ("你的总成绩是：",total_score)
```

控制台

```
你的总成绩是：277
程序运行结束
```

如果字符串的内容不是整数类型的数字，则转换会出错。

编程示例：

```
1  a = int ('90.1')
2  b = int ('九十')
```

控制台

```
Traceback (most recent call last):
 File "C:\Users\ADMINI~1\AppData\Local\Temp\codemao-IenLAZ/
  temp.py", line 1, in <module>
    a = int('90.1')
ValueError: invalid literal for int() with base 10: '90.1'
程序运行结束
```

float () 函数

float() 函数可以将字符串类型或者整数类型转换成浮点数类型。

编程示例：

```
1  h = input (" 请输入你的身高（单位米）：")
2  h = float (h)
3  print (' 你的身高是 ',h*100,'cm')
```

控制台

```
请输入你的身高（单位米）：1.8
你的身高是 180.0 cm
程序运行结束
```

如果字符串是非数字，使用 float() 函数将报错。

编程示例：

```
1  f = float ('a')
```

控制台

```
Traceback (most recent call last):
  File "/Users/apple/Desktop/tmp.py", line 1, in <module>
    var=float('a')
ValueError: could not convert string to float: 'a'
程序运行结束
```

str () 函数

str() 函数可以将数字转化成字符串类型。

编程示例：

```
1  s = str(8) + str(6)
2  print(s)
```

控制台

```
86
程序运行结束
```

此时，“8”和“6”都成了字符串，用“+”把两个字符串拼接在一起形成一个新字符串“86”。

学会了变量、input() 函数、print() 函数之后，我们就可以写一个比较完整的程序了，如：

请编写一个程序，要求用户输入一个长方形的长和宽，用程序计算出这个长方形的周长和面积并输出。

```
1  a = input('请输入长方形的长：')
2  a = int(a)
3  b = int(input('请输入长方形的宽：'))
4  c = 2 * (a + b)
5  s = a * b
6  print('长方形的周长是：',c)
7  print('长方形的面积是：',s)
```

控制台

```
请输入长方形的长：100
请输入长方形的宽：20
长方形的周长是： 240
长方形的面积是： 2000
程序运行结束
```

在这个程序中，第二行代码“a = int(a)”把变量 a 转换成整数然后赋值给变量 a，第三行代码直接把 input() 获取的数字用 int() 函数转换后再赋值给变量 b，这两种写法均可，但第二种写法更精简。

IPO

一个完整的程序通常都具有三部分，输入、处理、输出，简称 IPO。这里的 I

代表 input，P 代表 process，O 代表 output。

我们学过的 input() 函数是最常见的输入，用来向计算机程序提供需要处理的数据，process 是程序的核心，用来对输入的数据进行计算和加工。print() 函数是最常见的输出，用来显示计算结果。

知识要点

1. **input() 函数可以接受用户的键盘输入，得到的输入结果是字符串类型。**
2. **int() 函数可以把括号内的数据转换成整型。**
3. **float() 函数可以把参数转换成浮点类型。**
4. **str() 函数可以把参数转换成字符串类型。**
5. **IPO 代表输入、处理、输出。**

课堂练习

1. 运行下列代码，输入 4，则输出结果是（　）。

```
1  a = int(input('请输入一个整数：'))
2  a = a + 6.53
3  print(str(a))
```

A. 4　　B. 10

C. 10.53　　D. 46.53

2. 请编写一个程序：分别输入两个正数，输出两个数字之和，两个数字之积。

输入格式：

分两次输入，每次输入一个正数

输出格式：

两个数字之和，两个数字之积

输入样例：

5

5.32

输出样例：

10.32

26.6

3．请编写一个程序：用户分三次输入，每次输入一个字符串。全部输入完成后用英文逗号（“,”）连接并打印出来。

输入格式：

分三次输入，每次输入一个字符串

输出格式：

输出一个逗号连接的完整字符串

输入样例：

篮球

足球

乒乓球

输出样例：

篮球,足球,乒乓球

4．写一个程序，要求用户输入自己的姓名、年龄，然后输出：“×× 你好，你是 ×××× 年出生的。”

输入样例：

加加

11

输出样例：

加加 你好，你是 2010 年出生的

输入输出

简单的程序的输入输出可以用 input() 和 print() 函数来完成，学会这种输入输出仅仅能让我们完成简单的数学运算，而有很多程序的输入输出更丰富。比如我们

玩手机游戏的时候，手指在屏幕滑动也算作输入，手机发出声音也算作一种输出。常见的输入工具有键盘、鼠标、摄像头、麦克风、扫描仪以及各种温度湿度传感器等。常见的输出设备有显示器、音箱、打印机等。巧妙地利用这些输入输出设备，可以开发出各种功能复杂的程序。

第 5 课　数学计算函数

Python 中函数的应用非常广泛，前面章节中我们已经接触过多个函数，如 input() 、print()、int()、str()、float() 等，这些都是 Python 的内置函数。我们再介绍几种和数学运算相关的函数。

编程新知

round () 函数

round() 函数可以进行四舍五入计算。

编程示例：

```
1  num1 = round(3.14)
2  num2 = round(3.6)
3  print(num1,num2)
```

控制台

```
3 4
程序运行结束
```

round() 函数也可以输入 2 个参数，第一个是要进行四舍五入的数据，第二个是保留的位数。

编程示例：

```
1  num3 = round(3.1415,3) # 小数点后保留 3 位
2  num4 = round(0.618,2) # 保留 2 位小数
3  print(num3,num4)
```

控制台

```
3.142 0.62
程序运行结束
```

pow() 函数

pow() 函数可以进行幂运算，功能与“**”相同。

编程示例：

```
1  a = pow(3,2) # 计算 3 的 2 次方
2  b = 3 ** 2  # 计算 3 的 2 次方
3  print(a,b)
```

控制台

```
9 9
程序运行结束
```

len() 函数

len() 函数可以求字符串的长度。

编程示例：

```
1  str1 = 'abcdefg'
2  print(len(str1))
```

控制台

```
7
程序运行结束
```

利用这个函数，我们可以编写一个程序：

```
1  a = input('请输入你的名字：')
2  print('你的名字有',len(a),'个字。')
```

但是要注意，len() 函数不能在整数和浮点数数据上使用。

a = 5

print(len(a)) 是错误的。

max () 函数

max() 函数可以求几个数里最大的数。

```
1  a = max(4,2,5,8)
2  print(a)
```

控制台

```
8
程序运行结束
```

min () 函数

min() 函数可以求几个数里最小的数。

```
1  b = min(4,2,5,8)
2  print(b)
```

控制台

```
2
程序运行结束
```

知识要点

1. round() 函数

round(x,y) 返回 x 的四舍五入值，结果保留 y 位小数。

2. pow() 函数

pow(x,y) 返回 x 的 y 次方。

3. len() 函数

len(s) 返回字符串 s 的长度。

4. max() 函数

max(a,b,c...) 返回几个数中的最大值。

5. min() 函数

min(a,b,c...) 返回几个数中的最小值。

课堂练习

1．运行下列代码，输出结果是（　）。

```
a = 9.8
b = 3
print(round(a),float(b))
```

A．10　3.0　　B．9　3.0

C．10　3　　D．9　3

2．运行下列代码，输出结果是（　）。

```
x = 70.268
print(round(x,1))
```

A．70.0　　B．70.2

C．70.3　　D．70.268

3．运行下列代码，输入 5.5，输出结果是（　）。

```
a = float(input('请输入一个数：'))
print(round(a) + int(a))
```

A．10　　B．10.0

C．11　　D．11.0

4．运行下列代码，输入 3、2，输出结果是（　）。

```
a = int(input())
b = int(input())
c = pow(a,b)
print(c)
```

A．5　　B．6

C．8　　D．9

单元练习

1. 以下选项中不符合 Python 语言变量命名规则的是（　　）。

A. xyz　　B. 5_fifi ve

C. _a123　　D. Cat

2. 运行下列代码，输入 5，输出结果是（　　）。

```
1  a = input('请输入一个整数：')
2  a = int(a) + 5
3  print(a)
```

A. 1　　B. 5

C. 10　　D. 10.0

3. 运行下列代码，输出结果是（　　）。

```
1  x = 3
2  x = x * 6 + 1
3  print(x)
```

A. 4　　B. 7

C. 19　　D. 21

4. 以下选项中不符合 Python 语言变量命名规则的是（　　）。

A. MyPen　　B. mypen

C. _MyPen　　D. 1MyPen

5. 下列说法不正确的是（　　）。

A. Python 中三种基本的程序结构是：顺序结构、分支结构（选择结构）、循环结构

B. IPO 程序编写方法包括三部分：输入、处理、输出

C. 数字、字符串、列表都是 Python 中的数据类型

D．Python 中，5_a 可以作为一个变量名

6．下列选项中不能输出 10a 的是（　）。

A．print("10a")

B．print("10"+"a")

C．print("10+a")

D．a='10a'
print(a)

7．请编写一个程序：用户分三次输入，每次输入一个不相同的小数。输入完成后，计算这三个小数四舍五入后的总和，并输出该结果。（注：每次输入后回车）

输入格式：

分三次输入，每次输入一个不相同的小数

输出格式：

输出每个数四舍五入后的总和（若输出中包含其他多余字符，不得分）

输入样例：

3.7

4.3

5.5

输出样例：

14

8．请编写一个程序，输入圆的半径后可以输出圆的周长和面积。

输入格式：

圆的半径

输出格式：

圆的周长，圆的面积

输入样例：

5.5

输出样例：

34.54

94.985

9．请编写一个程序，用户输入圆柱的底面半径和高之后，输出圆柱的表面积和体积（计算结果保留 2 位小数）。

输入样例：

3

8

输出样例：

207.24

226.08

第二单元
分支结构

程序的智慧，
在于能根据不同的计算结果做不同的处理……

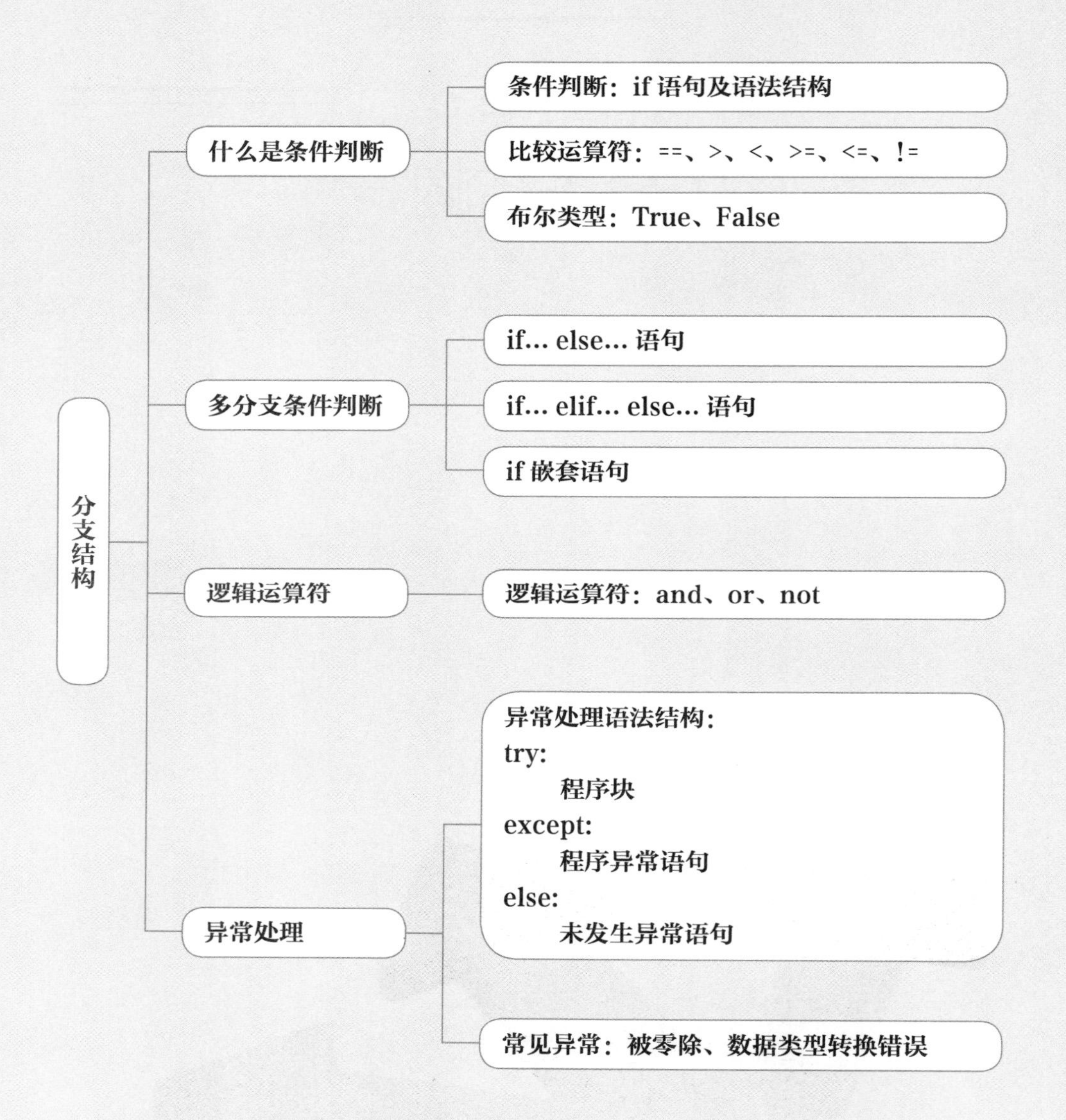
分支结构
什么是条件判断
条件判断：if 语句及语法结构
比较运算符：==、>、<、>=、<=、!=
布尔类型：True、False
多分支条件判断
if... else... 语句
if... elif... else... 语句
if 嵌套语句
逻辑运算符
逻辑运算符：and、or、not
异常处理
异常处理语法结构：
try:
程序块
except:
程序异常语句
else:
未发生异常语句
常见异常：被零除、数据类型转换错误

第6课　什么是条件判断

条件判断就是让计算机根据不同的情况，决定做哪些事情，不做哪些事情，和我们人类做事情有前因后果一样。例如：我们如果渴了就喝点水，如果饿了就吃点饭；如果考试成绩优秀就会得到奖状，如果不及格就会挨批评。这些都是条件判断。

请同学们想一想：生活中还有哪些地方用到条件判断？

编程新知

计算机表达的逻辑思维是程序员照人类的逻辑思想来设计的。举个例子，输入了矩形的长和宽之后，我们可以让计算机做一个判断，如果长和宽相等，那么输出“这是一个正方形”；如果不相等，输出“这不是一个长方形”。

这个判断可以用通俗的语言来描述：

```
a = input('请输入矩形的长：')
b = input('请输入矩形的宽：')
```

如果 a 等于 b，那么：

```
    print('这是一个正方形。')
```

否则：

```
    print('这不是正方形。')
```

类似的条件判断还有很多，我们可以要求用户登录游戏的时候输入密码，如果密码正确，则进入游戏，否则提示用户名密码错误，进入不了游戏。

理解了条件判断，我们几乎就明白了计算机程序的灵魂。

条件判断的语法

Python 中用 if 保留字来作为条件判断的标识，语法结构形式如下：

```
if 判断条件:
    执行语句
```

if 条件判断语句的语法要求如下：

1. 以 if 开头，后跟空格，空格后面写需要判断的条件，以冒号“:”结束。

2. 所有要执行的语句要缩进，建议缩进 4 个空格。这部分缩进的语句就是一个程序块。

例如：

前面说的判断长方形和正方形的程序，在 Python 中应该这么写：

```
1  a = int(input('请输入长：'))
2  b = int(input('请输入宽：'))
3  if a == b:
4      print('这块地是正方形的。')
5  if a != b:
6      print('这块地是长方形的。')
```

计算机编程中对语法的要求很严格，如果不按照语法规范来写，程序就会报错，导致整个程序无法执行。

同学们经常犯的错误有：

1. 漏掉冒号。

2. 忘记缩进或缩进的长度不一致。

布尔类型

if 关键字后面的条件判断如果符合，我们称之为真（True），不符合称之为假（False），在 Python 中用一种专门的数据类型“布尔类型”来表示真和假。

注意：在 Python 程序中，True 和 False 的首字母都是大写。

条件判断的比较

判断两个数是否相等用的是“==”，判断两个数不相等用的是“!=”，除此之外还有大于 >，小于 <，大于等于 >=，小于等于 <=。

Python 比较运算		
运算符	描述	实例 (a=7,b=8)
==	等于：比较对象是否相等。	(a == b) 返回 False。
!=	不等于：比较两个对象是否不相等。	(a != b) 返回 True。
>	大于：返回 a 是否大于 b。	(a > b) 返回 False。
<	小于：返回 a 是否小于 b。	(a < b) 返回 True。
>=	大于等于：返回 a 是否大于等于 b。	(a >= b) 返回 False。
<=	小于等于：返回 a 是否小于等于 b。	(a <= b) 返回 True。

程序示例：

```
1  age1 = int(input("请输入加加年龄："))
2  age2 = int(input("请输入多多年龄："))
3  if age1 > age2:
4      print("加加是哥哥")
5  if age1 < age2:
6      print("加加是弟弟")
7  if age1 == age2:
8      print("加加和多多是同岁")
```

注意：这里判断两个数是否相等用的是双等于号“==”，为什么呢？因为单等于号在计算机编程语言中是赋值运算符。

等于（==）

比较符号“==”两边的对象是否相等，如果相等，就返回 True，否则返回 False。

例如，比较 2 个数的大小，程序示例：

```
1  a = 100
2  b = 100
3  print(a == b)
```

控制台

```
True
程序运行结束
```

```
1  a = 100
2  b = 100.0
3  print(a == b)
```

控制台

```
True
程序运行结束
```

```
1  a = 100
2  b = '100'
3  print(a == b)
```

控制台

```
False
程序运行结束
```

整数 100 和浮点数 100.0 虽然数据类型不同，但是值是相同的，所以结果仍然返回 True。但是，整数 100 和字符串 '100' 数据类型不同，计算机对它们的存储方式也不一样，所以结果返回 False。

```
1  a = 'Student'
2  b = 'student'
3  print(a == b)
```

控制台

```
False
程序运行结束
```

```
1  a = 'student'
2  b = 'student'
3  print(a == b)
```

控制台

```
True
程序运行结束
```

字符串对象比较需要区分字母的大小写，只有完全相同，才返回 True，否则返回 False。

不等于（!=）

不等于是由叹号和等号组成，相当于数学中的“≠”。

```
1  a = 100
2  b = 100
3  print(a != b)
```

控制台

```
False
程序运行结束
```

```
1  a = 'Student'
2  b = 'student'
3  print(a != b)
```

控制台

```
True
程序运行结束
```

大于（>）和小于（<）

比较两个数据的大小，这两个数据既可以是数字，也可以是字符。字符是比较对应的 Unicode 码值，Unicode 中每个字符都对应着一个唯一数字。

```
1  a = 100
2  b = 200
3  print(a > b)
```

```
控制台
False
程序运行结束
```

```
1  a = 'S'
2  b = 'T'
3  print(a < b)
```

```
控制台
True
程序运行结束
```

大于等于（>=）和小于等于（<=）

大于等于“>=”和小于等于“<=”，相当于“≥”和“≤”。对于“>=”，只要满足大于或者等于两个条件之一就返回 True。

```
1  a = 100
2  b = 100
3  print(a >= b)
```

```
控制台
True
程序运行结束
```

知识要点

1. if 判断语法结构如下

if 条件判断语句:

程序块

2. 布尔类型:

布尔数据类型有 2 种，分别是真 (True) 和假 (False)。

3. 条件判断运算符有 6 个：等于（==）、不等于（!=）、大于（>）、小于（<）、大于等于（>=）、小于等于（<=）。

课堂练习

1. 用一个变量存储自己预先设置的密码，然后让用户输入密码，如果用户的输入与预先设置的密码一致，则输出“欢迎登录”，如果不一致，则输出“密码错误”。

2. 请编写一个程序：用户分两次输入，每次输入一个整数。输入完成后，程序输出这两个数中较大的数；若两数相等，则输出其中任意一个数。

输入格式:

分两次输入，每次输入一个整数

输出格式:

只输出一个整数，即两个数中较大的数

输入样例:

8

12

输出样例:

12

3. 编写一个出租车的计价器程序，3 公里以内收 7 元，超过 3 公里的部分，每公里收 1.5 元。让用户输入公里数，请计算应该付多少钱。

输入样例 1:

10

输出样例 1:

17.5

输入样例 2:

2

输出样例 2:

7

编程百科

布尔值，是根据 19 世纪英国最重要的数学家之一乔治 · 布尔（George Boole）的名字命名的。乔治 · 布尔出版了《逻辑的数学分析》，这是他对符号逻辑诸多贡献中的第一个。1854 年出版的《思维规律的研究》是他最著名的著作。在这本书中布尔介绍了现在以他的名字命名的布尔代数。由于其在符号逻辑运算中的特殊贡献，人们在很多计算机语言中将逻辑运算称为布尔运算，将其结果称为布尔值。

Python 中，True 和数字 1 是等价的，False 和数字 0 是等价的。

我们可以写程序验证一下：

```
1  if True == 1:
2      print('相等')
3  if False == 0:
4      print('相等')
```

前面我们学习了最简单的条件判断，但是每次判断都要写一个完整的 if 语句显得有点太啰唆，有时我们想把所有不符合条件的情况进行统一处理，这就要用到 else 语句了。

编程新知

if...else... 语句

请编写一个程序，判断用户输入的数学成绩是否及格：

```
1  score = float(input("请输入成绩: "))
2  if score >= 60:
3      print("及格! ")
4  else:
5      print("不及格! ")
```

控制台

```
请输入成绩：90
及格!
程序运行结束
```

输入成绩是 90，就会输出“及格”，如果输入 46，则会输出“不及格”。

语法规范如下：

1. else 语句必须与 if 语句配合使用。
2. else 语句后面不能写条件。
3. else 后的冒号和程序块的缩进不能少。

如何判断用户输入的数是奇数还是偶数呢？

```
1  num = int(input())
2  if num%2 == 0:
3      print('是偶数')
4  else:
5      print('是奇数')
```

控制台

```
10
是偶数
程序运行结束
```

if...elif...else... 语句

当我们需要做一系列判断的时候，需要多个不同条件并得到不同的执行语句，此时仅仅用 if... else... 不能解决所有问题。比如，如果成绩 >=90，输出“优秀”；如果成绩 >=80 并且成绩 <90，输出“良好”；如果成绩 >=60 并且成绩 <80，输出“及格”；否则输出“不及格”。此时的我们用 if... elif... else... 语句就非常方便。

程序示例：

```
1  score = float(input("请输入成绩："))
2  if score >= 90:
3      print("优秀！")
4  elif score >= 80:
5      print("良好！")
6  elif score >= 60:
7      print("及格！")
8  else:
9      print("不及格！")
```

提示：计算机会从上到下执行代码。如果输入 55，程序会首先判断“55 >= 90”是 True 还是 False，结果是 False；继续判断“55 >= 80”是 True 还是 False，结果是 False；再继续判断“55 >= 60”是 True 还是 False，结果是 False；最后执行 else，打印出“不及格”。如果我们输入的是 90，计算机判断“90 >= 90”为 True，直接执行 print(" 优秀！ ")，后续的所有 elif 语句以及 else 语句都不会再执行，直接跳过了。

if 的嵌套

在 if 语句中的程序块中可以写任意语句，包括另一个 if 语句，这叫作嵌套。程序会先判断外层条件是否满足，满足了外层条件之后才会继续判断内部是否满足。

例如，运行下列代码，输入：

胖虎

D348ac！

则输出的结果是（　　）。

```
1  name = input(" 请输入用户名：")
2  password = input(" 请输入密码：")
3  if name == " 胖虎 ":
4      if password == "K986wn":
5          print(" 登录成功！ ")
6      else:
7          print(" 密码错误！ ")
8  else:
9      print(" 用户名不存在 ")
```

知识要点

1. if… else… 语句

if… else… 语句用来实现程序的分支结构。

2. if… elif… else… 语句

if… elif… else… 语句用来实现程序的多分支结构。一个条件判断语句中 if 只能有一个，else 只能有一个，elif 可以有无限多个。

3. if 语句的嵌套

if 语句的程序块中还可以继续写更多的 if 语句。

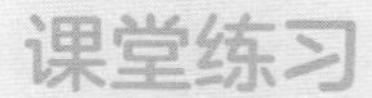

1. 正整数中，能被 2 整除的数是偶数，否则就是奇数。请编写一个程序：用户输入一个正整数，程序判断它是奇数还是偶数，若是偶数输出 1，若是奇数输出 0。

输入格式:

输入一个正整数

输出格式:

若为偶数输出 1，若为奇数输出 0

输入样例 1:

68

输出样例 1:

1

输入样例 2:

97

输出样例 2:

0

2. 身体质量指数，即 BMI 指数，简称体质指数，是国际上常用的衡量人体胖瘦程度以及是否健康的一个标准。计算公式为：BMI= 体重 ÷ 身高的平方。（体重单位：千克；身高单位：米。）

编写一个 BMI 计算程序。用户输入自己的体重和身高，程序输出用户的 BMI 指数，并且判断该用户的胖瘦情况。

BMI 指数中国标准

身体状态	BMI 范围
偏瘦	<= 18.4
正常	18.5 ~ 23.9
过重	24.0 ~ 27.9
肥胖	>= 28.0

输入样例:

80

1.7

输出样例:

27.7

过重

3．运行下列代码，输入 5，则输出结果是（　）。

```
1  bag_weight = int(input('请输入行李的重量（kg）：'))
2  if bag_weight > 5:
3      print("请先办理行李托运。")
4  else:
5      print("请照看好随身行李。")
```

4．运行下列代码

```
1  food = input("请输入你最喜欢的食物：")
2  fruit = input("请输入你最喜欢的水果：")
3  if food == "清蒸鱼":
4      if fruit == "苹果":
5          print("你是小明")
6      else:
7          print("你是小红")
8  else:
9      print("你是谁")
```

输入：

清蒸鱼

香蕉

输出结果是（　）。

A．你是小明　　B．你是小红

C．你是谁　　D．程序错误，没有输出

随机数的用法

在 Python 语言中，想让计算机产生一个随机整数，需要先导入随机数库，然后调用这个库里的 randint() 函数。

程序示例：

```
1  import random
2  a = random.randint(1,100)
3  print(a)
```

在 1 到 100 间随机一个整数

多运行几次程序，我们就会发现每次生成的随机数都不相同。利用随机数，我们可以做出很多有趣的程序，如抽奖程序，就是随机数的应用。

程序示例：

```
1  import random
2  a = random.randint(1,3)
3  if a == 1:
4      print('中了一等奖')
5  if a == 2:
6      print('中了二等奖')
7  if a == 3:
8      print('中了三等奖')
```

生活中我们对事物做出判断，经常是多个条件综合考虑。编写程序也是根据这些条件综合判断后做出选择。比如，学校评选优秀学生，要求期末考试成绩满足：1. 语文 90 分及以上；2. 数学也是 90 分及以上。两个条件同时满足，才能评选优秀学生。这个时候就要运行逻辑运算了。

编程新知

Python 中的逻辑运算符主要包括 and（逻辑与）、or（逻辑或）、not（逻辑非），逻辑运算是对两种布尔值进行运算，运算结果仍然是布尔值。如下表格所示：

Python 逻辑运算符及功能

逻辑运算符	含义	逻辑表达式	描述
and	逻辑与运算	x and y	当 x 和 y 两个表达式都为真时，x and y 的结果才为真，否则为假。
or	逻辑或运算	x or y	当 x 和 y 两个表达式都为假时，x or y 的结果才是假，否则为真。
not	逻辑非运算	not x	如果 x 为真，那么 not x 的结果为假；如果 x 为假，那么 not x 的结果为真。

逻辑运算符 and

逻辑运算 and 表示判断两个布尔运算，如果 2 个布尔运算的结果都是 True，则返回 True；否则返回 False。

```
1 print(True and True)
2 print(True and False)
```

控制台

True
False
程序运行结束

```
1 print(100 < 200 and 100 == 100)
2 print(100 < 200 and 100 != 100)
```

控制台

True
False
程序运行结束

逻辑运算符 or

逻辑运算 or 表示判断 2 个布尔运算，2 个布尔值运算的结果只要其中一个是 True，则返回 True；如果都是 False，则返回 False。

```
1 print(True or False)
2 print(False or False)
```

控制台

True
False
程序运行结束

```
1 print(100 < 200 or 100 > 200)
2 print(100 > 200 or 100 != 100)
```

控制台

True
False
程序运行结束

逻辑运算符 not

逻辑运算 not 表示将布尔值取相反的值。如果原布尔值是 True，not 运算后返回 False；如果原布尔值是 False，not 运算后返回 True。

```
1  print(not True)
2  print(not False)
```

控制台

```
False
True
程序运行结束
```

```
1  print(not 100 < 200)
2  print(not 100 > 200)
```

控制台

```
False
True
程序运行结束
```

借助逻辑运算，我们可以实现任何复杂的条件判断，例如：

学校评选优秀学生，评选条件是语文成绩和数学成绩都必须在 90 分以上。请输入你的语文成绩和数学成绩，如果都是 90 分及以上，输出“优秀学生”，否则，输出“不符合评优条件”。

程序示例：

```
1  ch_score = int(input("请输入语文成绩："))
2  ma_score = int(input("请输入数学成绩："))
3  if ch_score >= 90 and ma_score >= 90:
4      print("优秀学生")
5  else:
6      print("不符合评优条件")
```

```
控制台
请输入语文成绩：95
请输入数学成绩：91
优秀学生
程序运行结束
```

学校举行跳绳比赛，男生组跳 120 个以上是优秀，女生组跳 110 个以上是优秀，请写一个程序，用户输入性别和跳绳数量，程序输出是否达到优秀。

```
1  gender = input()
2  num = int(input())
3  if gender == '男' and num > 120:
4      print('优秀')
5  elif gender == '女' and num > 110:
6      print('优秀')
7  else:
8      print('不是优秀')
```

```
控制台
男
125
优秀
程序运行结束
```

知识要点

1. and：与运算

表示并且，需要同时满足才返回 True（真）。

2. or：或运算

表示或者，只要其中一个条件为真，就返回 True（真）。

3. not：非运算

not 取布尔值的相反值，not True 返回 False，not False 返回 True。

课堂练习

1．运行下列代码，输出的结果是（　　）。

```
print(5 == 5 and 5 >= 5)
```

A．True　　B．False

C．不知道　　D．1

2．运行下列代码，输出的结果是（　　）。

```
n = 3
print(n < 3 and n >= 2)
```

A．False　　B．True

C．n <= 3 and n >= 2　　D．程序错误，没有输出

3．下列表达式的值为 True 的是（　　）。

A．4 + 3 > 2 + 5　　B．3 > 4 > 2

C．'a' < 'b'　　D．3 < 1 and 5 > 2

4．小明爸爸说：“今年考试语文超过 90 分或者体育超过 95 分我就带你出去玩。”请问下面哪个选项能表达这个意思？（　　）

A．语文 > 90 and 体育 > 95　　B．语文 > 90 and 体育 > 90

C．语文 > 90 or 体育 > 95　　D．语文 or 体育 > 90

5．运行下列代码，输出的结果是（　　）。

```
print(3 <= 5 or 7 >= 2)
```

A．True　　B．False

C．3 < = 5 or 7 > = 2　　D．程序错误，没有输出

编程百科

数字化

有时候我们写程序觉得很奇怪，为什么我们总是去计算几个数的加减乘除，进行大小比较呢？难道计算机程序仅仅是数学计算吗？用几个数字就可以让计算机判

断复杂的情况，并指挥庞大的机器去工作吗？

其实这也正是数学的神奇之处，世界上的万物都可以用数字来描述，而世界上发生的任何事情都可以用数字来量化，通过这些数字的比较就可以让计算机处理各种复杂的判断。

例如，玩游戏时手机屏幕上出现一个敌人，当你用手指点击屏幕时，手机会计算你手指按压的位置坐标是多少，再根据屏幕中敌人的坐标，去计算两个点的距离相差多少，如果距离很近，则认为你点中了敌人，就可以扣除敌人的血量。

再比如，家里的空调会根据室温高低自动运转，它是把温度当作一个输入的数据，在程序中判断，如果温度变量大于 26℃则输出高电压使空调工作，如果小于 26℃则输出低电压使空调停止工作。

更复杂一些的，比如，无人驾驶汽车首先会把行人的形状描述成很多数字，然后把摄像头拍到的照片进行数字化，再把这些数字与人的基本形状数据进行比较，如果吻合度超过一定限度，则判断前方出现行人，应当采取刹车操作。

所以，学好基本的数学运算和逻辑运算之后，我们才能让计算机处理更多的情况，让计算机变得更智能。

什么叫异常？举个例子，妈妈让我们去刷碗，本来我们是会刷碗的，但是今天停水了，这就叫异常；玩游戏，突然掉线了，这叫异常。我们这一课学习的目的便是遇到这种特殊情况，需要反馈给用户，告诉他们程序为什么不能正常执行。

编程新知

作为 Python 初学者，在刚学习 Python 编程时，经常会看到一些报错信息，在 Python 内有两种错误很容易辨认：语法错误和异常。我们知道，语法正确，程序才能运行；程序运行过程中经常会出现各种错误，这些错误便是异常。

这时候便有人要问了，为什么语法正确还会有错误呢？即使语句或表达式在语法上是正确的，但在尝试执行时，它仍可能会引发错误。例如下面的例子：

```
1  num_1 = 7
2  num_2 = 0
3  print(num_1/num_2)
```

这段代码的目的是输出两个数相除的商，而在这里 0 被作为除数了，这显然是错误的，那么这个时候就会出现以下这种状况：

控制台

```
Traceback (most recent call last):
  File "/Users/apple/Desktop/tmp.py", line 3, in <module>
    print(num_1/num_2)
ZeroDivisionError: division by zero
程序运行结束
```

这里提示“division by zero”除零错误。

那么我们如何检测这种错误，来进行异常控制呢？下面给出了用 try 方法捕捉

异常的语法格式：

```
1  try:
2      代码段
3      # 可能会引发异常的代码，先执行一下试试
4  except:
5      代码段
6      # 如果 try 中的代码出错，就执行这里的代码
```

下面我们用此格式练习一下。比如，我们让用户输入一个数字储存到变量 x 中，如果用户输入的不是数字，便会在 int() 函数转换时出错。

```
1  try:
2      x = int(input('请输入一个数字：'))
3      print('转换成 int 后的数字是：',x)
4  except:
5      print('你输入的不是数字')
```

```
控制台
请输入一个数字：10
转换成 int 后的数字是：10
程序运行结束
```

再次运行程序，这次我们故意输入一个中文数字“九十”。

```
控制台
请输入一个数字：九十
你输入的不是数字
程序运行结束
```

在这段代码中，首先执行 try 程序块（也就是 try 和 except 关键字之间的一行或多行语句）。如果没有异常发生，则跳过 except 程序块，并完成 try 语句的执行。如果在执行 try 程序块时发生了异常，则跳过该程序块中剩下的部分，执行 except 程序块。

例：运行下面代码，多次实验，分别输入任意小数和汉字，查看输出结果并思考：

```
1  try:
2      n = float(input("请输入 PI 的值"))
3  except:
4      print("输入有误")
5  else:
6      print("输入的是:",n)
```

在上述例题中，我们发现，当我们输入一个小数时没有异常发生，因为 try 语句内的 float() 函数不会因为转换小数而引发异常，而输入汉字时则会转换失败产生异常，我们知道出现异常时会执行 except 内的语句，除此之外，try 还有一类结构，当没有引发异常时会执行 else 内的语句。具体可以参考以下格式：

```
1  try:
2      # 可能会引发异常的代码
3  except:
4      # 用来处理异常的代码
5  else:
6      # 如果 try 子句中的代码没有引发异常，就继续执行这里的代码
7  finally:
8      # 无论 try 子句中的代码是否引发异常，都会执行这里的代码
```

知识要点

1. 异常处理的语法格式

try:

　　语句

except:

　　发生异常后执行语句

else:

　　未发生异常时执行的语句

2. 常见的异常

被零除、数据类型转换错误。

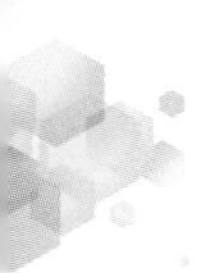

课堂练习

1. 运行下列代码

```
try:
    a = int(input())
    b = int(input())
    c = a/b
    print(c)
except:
    print("请输入正确数字")
else:
    print("执行完毕")
```

输入：

0

5

输出结果是（　）

A. 0　　B. 5

C. 请输入正确数字　　D. 0.0
执行完毕

2. 运行下列代码

```
try:
    a = int("99")
    print(a + 1)
except:
    print("出错了！")
else:
    print("做完了")
```

输出结果是（　）。

A．100　　　　B．99

C．出错了！　　　　D．100
做完了

3．运行下列代码

```
1  try:
2      a = int(input("请输入一个数字："))
3      b = int(input("请输入一个数字："))
4      s = (a + b) * 2
5  except:
6      print("输入有误")
7  else:
8      print(s)
```

输入：

1

2

输出结果是（　）。

A．输入有误　　　　B．(a+b)*2

C．s　　　　D．6

4．编写一个数字识别录入程序，把用户输入的数字转换为 float 类型或 int 类型（二选一）存储到变量 num 中。当用户输入的是非数字时，提示“您输入的不是数字，请重试！”。

单元练习

1．运行下列代码

```
a = int(input())
if a > 0:
    print('正数')
elif a == 0:
    print('零')
else:
    print('负数')
```

输入 5，则输出（　）。

A．正数　　B．零

C．负数　　D．错误

2．运行下列代码

```
blood = 10  # 敌人的血量
a = int(input())
if a == 0:
    print('使用风技能')
    blood -= 3
elif a == 1:
    print('使用火技能')
    blood -= 5
else:
    print('防御')
    blood += 1
```

输入 2，则输出（　　）。

A．使用风技能　　B．使用火技能

C．防御　　D．11

3．下列代码可用于判断用户输入的正整数是奇数还是偶数。则横线处①代码应填写的是（　　）。

```
1  num = int(input("请输入一个正整数："))
2  if ___①___:
3      print('%d是偶数'%num)
4  else:
5      print('%d是奇数'%num)
```

A．num%2 == 0　　B．num%2

C．num/2 == 0　　D．num/2

第三单元 循环结构

不知疲倦的计算机，
可以耐心地为你做成千上万遍的重复工作，没有薪水，没有怨言……

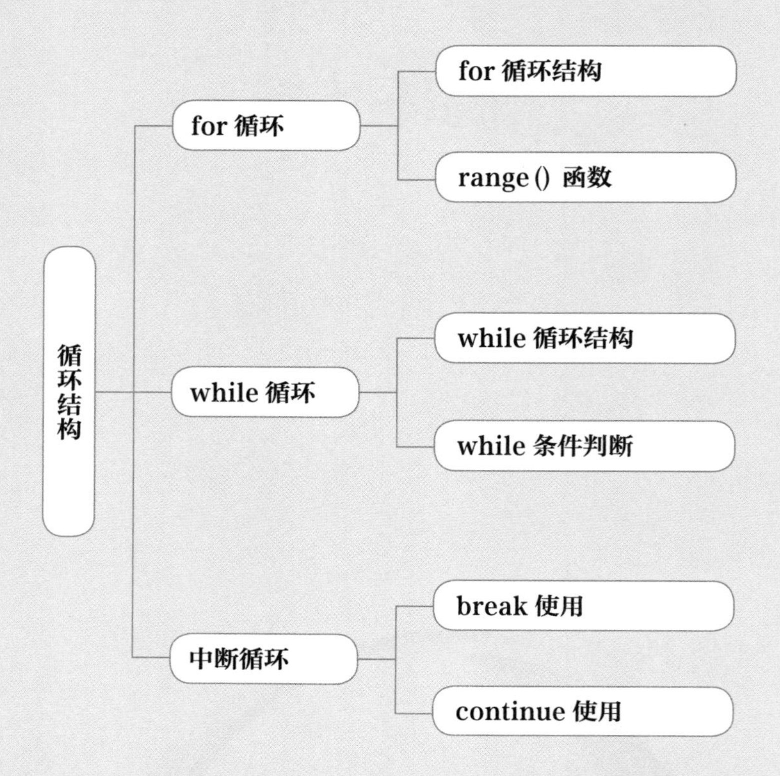
循环结构
for 循环
for 循环结构
range() 函数
while 循环
while 循环结构
while 条件判断
中断循环
break 使用
continue 使用

循环，顾名思义，就是重复运行指定的一段程序，我们可以在程序中规定循环多少次，或者设定满足什么条件停止循环。

有两个方式可以实现循环，一个是for循环，另外一个是while循环。这一节我们讲第一种循环，for循环。

编程新知

for 循环

最简单的for循环写法如下：

```
1  for i in range(n):
2      循环体
```

for是关键字，就像条件判断必须有if一样，for循环必须以for开始。range(n)是一个函数，能让计算机产生一串从0到n–1的整数。in在英语中是“在……里”的意思，所以for i in range(n)的意思是，让计算机生成一组数字，从0到n–1，对于这一组数中的每一个整数，依次赋值给变量i，然后执行下面的循环体。

这里的变量i也可以叫别的名字，比如：

```
1  for n in range(100)# 也是可以的。
```

就像if条件判断的缩进一样，for循环也是要缩进的，所有要循环执行的语句都要缩进。

for循环语句的最后也是以冒号结尾。

还记得我们第一课的“Hello World”程序吗？

```
1  print("Hello World!")
```

现在我们使用下面的循环，就可以轻轻松松向世界问好 100 次：

```
1  for i in range(100):
2      print("Hello World!")
```

上面我们仅仅使用了两行代码，却可以打印出 100 行“Hello World!”，是不是很神奇呢？

现在我们可以考验一下计算机的耐性，罚计算机抄写 100 遍古诗。

```
1  for a in range(100):
2      print('登鹳雀楼')
3      print('白日依山尽，')
4      print('黄河入海流。')
5      print('欲穷千里目，')
6      print('更上一层楼。')
7      print()
```

从这段程序可以看出，我们用变量 a 代替了变量 i，程序没有受任何影响。程序最后一行我们调用 print() 函数但是没有输入任何参数，这样也是没问题的，这行代码的作用就是打印一个空行，起到美观的作用。

循环计数

前面说过，循环时会把 range(n) 里的数依次赋值给变量 i，那么变量 i 是不是每次循环都在变化呢？我们做个实验就看出来了。

```
1  for i in range(100):
2      print(i)
```

可以看出来，变量 i 从 0 自动变化到 99。利用这一特点，我们可以做很多事。例如抄写古诗的时候顺便输出抄到第几遍了。

```
1  for a in range(100):
2      print('第',a + 1,'遍')
3      print('登鹳雀楼')
```

为什么要 a+1 呢？因为 range(100) 产生的数是 0 到 99。计算机里计数通常都是从 0 开始的，这一点在我们后边的学习中会经常遇到。

请编写一个数青蛙的程序，让计算机输出：

0 只青蛙 0 张嘴，0 只眼睛 0 条腿

1 只青蛙 1 张嘴，2 只眼睛 4 条腿

…………

一直打印输出到 100 只青蛙

```
for i in range(101):
    print(i,'只青蛙',i,'张嘴,',i*2,'只眼睛',i*4,'条腿')
```

for 循环语句也可以再嵌套其他语句，比如 for 的循环体里再加个 if 条件判断。例如写一个程序，找出 0 到 100 以内的偶数。

```
for i in range(101):
    if i%2 == 0:
        print(i)
```

知识要点

1. for 实现循环功能

for 循环可以根据指定的次数重复运行指定的一段程序。

2. 循环计数

每次循环的时候变量都在变化，每循环一次自动增加 1。

课堂练习

1. 老和尚讲故事，请用 for 循环程序输出：

   从前有座山，山里有座庙，庙里有个老和尚，正在讲故事，讲的是什么呢？

   从前有座山，山里有座庙……

循环 100 遍试试。

2. 编写程序输出 0 到 100 以内的所有奇数。

3. 编写程序输出 0 到 1000 之内所有能被 7 整除的数。

4．用 for 循环计算 1+2+3+……+100 的和。

5．把人逼疯的金鱼。

传说金鱼的记忆只有 7 秒，如果你养了一条金鱼，早上起床金鱼见到你很礼貌地问你："你好，请问你是？"用户输入自己的名字，金鱼说："你好，×××。"但是 7 秒钟之后，金鱼又忘了你的名字，然后不断地重复询问你叫什么名字，又不断地忘却。

提示：海龟编译器积木模式下有一个等待 1 秒积木，可以让程序暂停 1 秒钟。也可以参考编程百科中 time 库的用法。

6. 编写一个程序，先让用户输入全班人数 n，然后循环 n 次，询问每个人的成绩，把全班的平均成绩计算出来并输出。

让程序停一会儿

在海龟编辑器的积木模式我们可以看到有一块积木叫作"等待 1 秒"，它的作用是让程序等待一秒，我们可以直接拖动该积木到合适的位置让程序等待，也可以在代码中先引入 time 库，然后调用 time.sleep(1) 函数方法，同样可以完成该功能的编写。

利用等待函数方法，我们可以编写一些有趣的程序，如：火箭发射的时候通常都会进行倒计时，如果用 Python 来实现倒计时功能则可以这么写：

```
1  import time
2  for i in range(10):
3      print(10 - i)
4      time.sleep(1)
5  print('发射')
```

还有一种让程序停下来的方法，就是巧妙地利用 input() 函数，在需要停下的位置写一个 input() 函数，程序就会停来下等待用户输入。

编程示例：

```
1  for i in range(100):
2      print('第',i,'次')
3      input()
```

运行程序后每循环一次都会等待用户输入，用户直接按键盘上的回车键就可以让程序继续向下执行。

第 11 课　强大的 range() 函数

上节课提到的 range() 函数功能很强大，除了可以生成 0 到 n-1 整数数列以外，我们还可以通过输入不同的参数来生成不同的数列。

编程新知

range () 函数起始值

先运行下面代码，查看输出结果：

```
for i in range(0,10):
    print("Hello World!")
```

控制台

```
Hello World!
Hello World!
Hello World!
Hello World!
Hello World!
Hello World!
Hello World!
Hello World!
Hello World!
Hello World!
程序运行结束
```

再运行下面代码，查看输出结果并思考：

```
for i in range(5,10):
    print("Hello World!")
```

```
控制台
Hello World!
Hello World!
Hello World!
Hello World!
Hello World!
程序运行结束
```

在上面这几段代码里，我们可以发现，如果 "for i in" 后面的 range 括号内是（0,10）的话，就会重复 10 次，打印出 10 行；如果是（5,10），就会重复 5 次，就会打印出 5 行。这是因为 range() 这个内置函数会根据用户提供的起始值生成若干个整数，而 for 循环依次遍历这几个数直到遍历完后结束循环。简而言之，如果生成 3 个数，则重复代码 3 次，如果生成 5 个数，则重复 5 次，依此类推。

下面我们来介绍一下语法：

```
range(start,stop)
```

计数从 start 开始，到 stop−1 结束。例如：range(0,5) 会生成“0，1，2，3，4”而没有 5，如果是 range(0,10) 的话会生成“0，1，2，3，4，5，6，7，8，9”十个数，如果是 range(5,10) 的话会生成“5，6，7，8，9”五个数。

如果没有 start，默认是从 0 开始，range(5) 等价于 range(0,5)。

例：用程序打印出 1 月，2 月，一直到 12 月。

程序示例：

```
1  for i in range(1,13):
2      print(i,'月')
```

range() 函数的步长

range() 函数还可以有第三个参数：

```
range(start,stop,step)
```

在 range() 函数内，不但可以设置起始值，还可以设置步长值：step 默认为 1。例如：range(0,5) 等价于 range(0,5,1)。

```
1  range(0,30,5) # 步长为 5，即每隔 5 个数才计数，它会生成：0,5,10,15,20,25。
2  range(0,10,3) # 步长为 3，即每隔 3 个数才计数，它会生成：0,3,6,9。
3  range(0,-10,-1) # 步长为负数，它会生成：0,-1,-2,-3,-4,-5,-6,-7,-8,-9。
```

range(start,stop,step) 可以生成从 start 到 stop−1 之间的整数序列，间隔为 step，如果省略 step 参数，则默认间隔为 1。

例 1：尝试打印出 12 到 18 这 7 个数。

```
1  for i in range(12,19):
2      print(i)
```

例 2：输出 0 到 100 之间的所有 7 的倍数，不用 if 语句，直接用步长来控制。

```
1  for i in range(0,100,7):
2      print(i)
```

知识要点

1. range() 函数的起始值和终止值

range(start,stop) 函数会生成从 start 到 stop−1 的整数序列。

2. range() 函数的步长

range(start,stop,step) 函数生成从 start 到 stop−1、步长为 step 的整数序列。

课堂练习

1. 以下程序的运行结果是？（　　）

```
1  a = 0
2  for i in range(50,170,3):
3      a = a + i
4  print(a)
```

2. 以下程序的运行结果是？（　　）

```
1  m = 1
2  for i in range(10,100,7):
3      m = m * i
4  print(m)
```

3. 下列代码可以统计从 1 到 100 以内，能被 7 或者 13 整除的数的个数。则下列代码①处应填写的是（　　）。

```
1  s = 0
2  for i in range(1,101):
3      if(i % 7 == 0 __①__ i % 13 == 0):
4          s = s + i
5  print(s)
```

A. and　　　　B. or

C. not　　　　D. 以上不正确

第 12 课 while 循环

for 循环可以让我们循环 n 次，但有时候我们并不知道应该循环多少次，甚至我们希望循环永远不要停止。例如，我们从家里往学校走，两条腿在不断地循环迈左腿，迈右腿，但是我们也不知道应该走几步能到达学校。可以设定一个条件，在我们进入教室之前一直循环。这时候就需要用到另一种循环，叫作 while 循环。

编程新知

while 循环结构

while 循环会在条件成立时重复运行指定的一段程序，直到该条件不成立。

“while”这个单词在英语中就是“在……期间；当……的时候”的意思。下面我们给出 while 循环的语法结构：

```
1  while 条件表达式：
2      循环体
```

同 for 循环一样，也是仅仅两行，里面的内容甚至更少了。同样的例子，我们向世界问好，可以使用以下语句：

```
1  while True:
2      print("Hello World!")
```

与上一课 for 循环的“向世界问好”不同的是，该段代码将会无休止地向世界问好，这是因为 while 后面的条件表达式为 True，会无休止地重复，点击“停止”按钮，结束程序，停止循环。我们再看下面这段代码：

```
1  a = 0
2  while a < 100:
3      print(a)
4      a += 1
```

在这段代码中，我们新建了变量 a，a 的值为 0，当 a 小于 100 时，我们打印输出 a 的值，并且让 a 加 1，直到 a 到 100 时，while 判定 a 等于 100，不满足小于 100，就会停止循环，不会再打印出 a 的值了。

课程进行到这里，我们来看一下 for 循环和 while 循环的区别：

①在很多情况下，for 循环和 while 循环可以相互替代，根据自己的习惯选择使用即可。

②当我们循环次数确定的时候，让 for 循环来完成重复性工作会更方便。

③当需要用条件判断来限制循环次数的时候，用 while 循环更方便。

利用 while 循环我们可以设计下面的程序：

1. 小巧的商店计价器。请写一个程序不断地让用户输入商品价格，并把价格累加起来输出。

```
1  sum1 = 0
2  while True:
3      a = int(input('输入价格'))
4      sum1 = sum1 + a
5      print(sum1)
```

2. 输入班级人数和每个学生的成绩，计算班级平均成绩。

```
1  a = int(input('请输入班级人数'))
2  b = 0
3  sum1 = 0
4  while b < a:
5      number = int(input('输入第' + str(b + 1) + '个学生的成绩：'))
6      sum1 = sum1 + number
7      b += 1
8  print(sum1 / a)
```

3. 电脑随机产生一个数。判断这个随机数是单数还是双数，如果对了，输出“猜

对了”，如果错了，输出“猜错了”，重复执行。

```
1  import random
2  while True:
3      print('猜一下数的单双：')
4      a = random.randint(1,1000)
5      b = input('单/双？ ')
6      if a%2 == 0 and b == '双':
7          print(a)
8          print('正确')
9      elif a%2 == 1 and b == '单':
10         print(a)
11         print('正确')
12     else:
13         print(a)
14         print('错误')
```

知识要点

1. while 循环的结构

while 条件表达式:

循环体

2. for 循环和 while 循环的区别

当我们循环次数确定的时候，用 for 循环来完成重复性工作会更方便。当需要用条件判断来限制循环的时候，用 while 循环更方便。

课堂练习

1. 请编写一个程序：用户输入一个正整数 n，程序将输出 1 + 2 + 3 + 4 +……+ n 的和。例如，运行程序，输入 6，程序输出 21。（注：21 为 1 + 2 + 3 + 4 + 5 + 6 的和）

输入格式：

输入一个正整数 n

输出格式：

只输出一个数，即 1 + 2 + 3 + 4 +……+ n 的和

输入样例：

5

输出样例：

15

2．请编写一个程序：输入一个字符串，输出字符串中字母 a 的个数。

输入格式：

输入一个字符串

输出格式：

输出 a 的个数

输入样例：

abstract

输出样例：

2

3．编写一个程序，让计算机产生一个 1 到 100 之间的随机数，然后询问用户这个数是多少，用户输入答案后输出是否回答正确，如果用户输入的数偏大则告诉用户“偏大”，如果用户输入的数偏小则输出“偏小”，用户回答正确后输出“猜对了”然后结束程序，如果没有回答正确则一直询问直到用户回答正确。

Python 循环也可以使用嵌套，就是在循环体中又出现一个新的循环。

当 2 个（甚至多个）循环结构相互嵌套时，位于外层的循环结构常简称为外层循环或外循环，位于内层的循环结构常简称为内层循环或内循环。

循环嵌套结构的代码，Python 解释器执行的流程为：

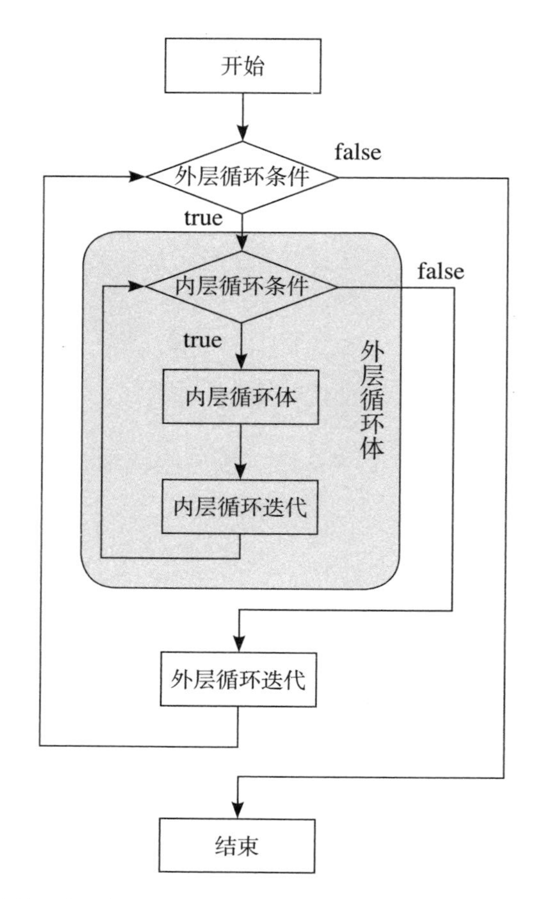

内层循环执行完毕后，外层循环执行 1 次。然后内存循环再次启动。

大家实战一下嵌套循环 4 行代码输出九九乘法表：

```
for i in range(1,10):
    for j in range(1,i+1):
        print(i,'*',j,'=',i*j,end='\t')
    print()
```

控制台

```
1*1=1
2*1=2	2*2=4
3*1=3	3*2=6	3*3=9
4*1=4	4*2=8	4*3=12	4*4=16
5*1=5	5*2=10	5*3=15	5*4=20	5*5=25
6*1=6	6*2=12	6*3=18	6*4=24	6*5=30	6*6=36
7*1=7	7*2=14	7*3=21	7*4=28	7*5=35	7*6=42	7*7=49
8*1=8	8*2=16	8*3=24	8*4=32	8*5=40	8*6=48	8*7=56	8*8=64
9*1=9	9*2=18	9*3=27	9*4=36	9*5=45	9*6=54	9*7=63	9*8=72	9*9=81
程序运行结束
```

第13课　中断循环

在循环的过程中如果触发一些条件，让程序停下来该怎么做呢?

编程新知

break 中断循环

break 语句可以中断循环，就是在程序还没有达到指定循环次数的时候突然停止了循环。

在上节内容中，我们明白了在 Python 中，我们经常会用到 while True 这样一个看上去像是永久循环的语句。如果在代码中加入 break，可以达到终止循环的目的，同样地，break 也可以用在 for 循环中来终止循环。

例如，输出 0 到 100 以内的整数，我想让它到 20 就停止，怎么用 break 语句?

```
1  for i in range(101):
2      print(i)
3      if i == 20:
4          break
```

中断 while 循环也是一样:

```
1  i = 0
2  while True:
3      print(i)
4      if i == 20:
5          break
6      i = i + 1
```

请在运行以下代码前算出代码的运算结果，再进行实验验证：

```
1  n = 1
2  while True:
3      print(n)
4      if n + 10 == 19:
5          break
6      n = n + 2
```

continue 中断本次循环

在循环中，还有一个关键字 continue，是“继续下一个循环”的意思。continue 会结束本次循环，继续进行下一次循环。也就是说，continue 语句执行的时候，循环体内位于它后面的语句都失去了执行的机会。

continue 可用于 while 和 for 循环中，用来提前结束一次循环。例如，我们用 Python 输出 1 到 10，不输出 5，可用以下代码实现：

```
1  a = 0
2  while a < 10:
3      a = a + 1
4      if a == 5:
5          continue
6      print(a)
```

我们可以把 continue 改成 break，比较一下两次运行的差异。

我们要打印 1 到 10 以内的数字，但是不打印 3 的倍数，可用以下代码实现：

```
1  a = 0
2  while a < 10:
3      a = a + 1
4      if a % 3 == 0:
5          continue
6      print(a)
```

请在运行以下代码前猜一猜少了谁，再进行实验验证：

```
1  num = 10
2  while num > 0:
3      num = num - 1
4      if num == 5 or num == 8:
5          continue
6      print("当前值:", num)
```

3．老师好帮手软件：循环录入学生的成绩，如果录入成绩 x 小于 0 则无效（不参与人数计算和平均分计算），输入 –1 则直接退出录入系统，最后打印输出学员人数和所有学生的平均成绩。

```
1   total_score = 0
2   num = 0
3   while True:
4       score = int(input('请输入学生的成绩(输入 -1 退出)'))
5       if score == -1:
6           print('录入完成，退出')
7           break
8       if score < 0:
9           print('录入失败，请重新输入')
10          continue
11      num += 1
12      total_score += score
13  print('一共输入了',num,'个学生')
14  print('学生的平均成绩为:',total_score / sum)
```

知识要点

1. **break**：结束整个循环。

continue：结束本次循环，继续下一次的循环。

2. **break** 和 **continue** 只能用于循环中，不可单独使用。

3. 在嵌套循环中，**break** 和 **continue** 只会对最近的一层循环起作用，也就是就近原则。

课堂练习

1．用 continue 方法输出 100 以内的奇数。

2．用 continue 方法输出 50 到 100 之内不能被 5 整除的数字。

3．计算半径从 1 到 20 时的圆的面积，当圆的面积大于 200 时停止。（圆的面积 = 半径的平方 × π，π 取 3.14）

4．小雨有 100 元钱，第一天花 1 块钱，第二天花 2 块钱，第三天花 4 块钱，以此类推，每一天花的钱都是前一天的 2 倍，请编写程序计算几天后小雨的钱会花光。

5．加加在银行存了 100 元钱，银行的年利率是 5%，即存款每年都会比前一年增长 5%，加加希望存款到达 200 元时取出存款，请用程序计算多少年后加加可以取出存款。

6．请编写一个程序：用户输入一个正整数 N，程序将判断是否存在一个正整数 a，使得 a*(a+1)=N。若存在，则输出这个正整数 a；若不存在，则输出 0。

输入格式：

输入一个正整数 N

输出格式：

若存在，输出符合要求的正整数 a；若不存在，输出 0

输入样例 1：

34

输出样例 1：

0（注：不存在两个相邻的正整数相乘等于 34）

输入样例 2：

56

输出样例 2：

7（注：7 乘以 8 等于 56）

单元练习

1. 如果有一个自然数 a 能被自然数 b 整除，则 b 为 a 的因数。几个自然数公有的因数，叫作这几个自然数的公因数。例如，6 和 8 的公因数是 1 和 2。

请编写一个程序：分别输入两个正整数，输出它们的公因数的数量。

输入格式:

输入两个正整数

输出格式:

输出公因数的个数

输入样例 1:

7

8

输出样例 1:

1

输入样例 2:

16

8

输出样例 2:

4

2. 请编写一个程序：用户输入一个正整数 n，程序输出一个由“#”组成的三角形（第 1 行 1 个“#”，第 2 行 2 个“#”，以此类推，第 n 行 n 个“#”，共 n 行）。

提示：按住 Shift 键，再按 3 键，就能打出 #；用字母 A 或字母 q 替代 # 也可。例如，运行程序，输入 3，程序输出：

```
控制台
#
##
###
程序运行结束
```

注：输出 3 行，第 1 行 1 个 #，第 2 行 2 个 #，第 3 行 3 个 #，每一行的 # 之间没有空格。

输入格式：

输入一个正整数 n

输出格式：

输出 n 行，第 1 行 1 个 #，第 2 行 2 个 #，依此类推，第 n 行 n 个 #，每一行的 # 之间没有空格

输入样例：

4

输出样例：

```
控制台
#
##
###
####
程序运行结束
```

3. 输入一个正整数，判断这个数是否是素数。（只被 1 和它本身整除的正整数称为素数，素数也叫质数。）

第四单元
turtle 库

计算机程序，也可以很美。

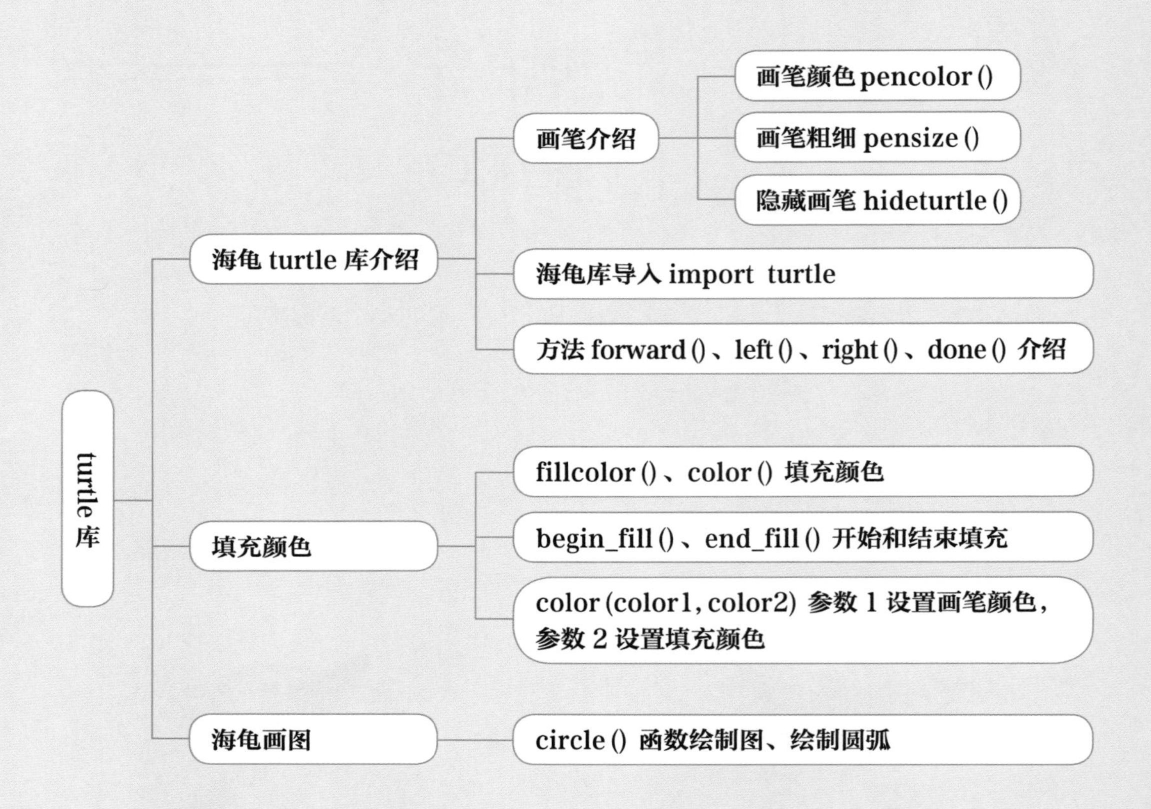
turtle 库
海龟 turtle 库介绍
画笔介绍
画笔颜色 pencolor ()
画笔粗细 pensize ()
隐藏画笔 hideturtle ()
海龟库导入 import turtle
方法 forward ()、left ()、right ()、done () 介绍
填充颜色
fillcolor ()、color () 填充颜色
begin_fill ()、end_fill () 开始和结束填充
color (color1, color2) 参数 1 设置画笔颜色，参数 2 设置填充颜色
海龟画图
circle () 函数绘制图、绘制圆弧

第 14 课 留下美丽的足迹

Python 中有一个奇妙的库，是用来画图的，这个库叫作 turtle 库，可以画出很多美丽的图形。（turtle，在英语中是海龟的意思，所以 turtle 库又叫海龟库。）

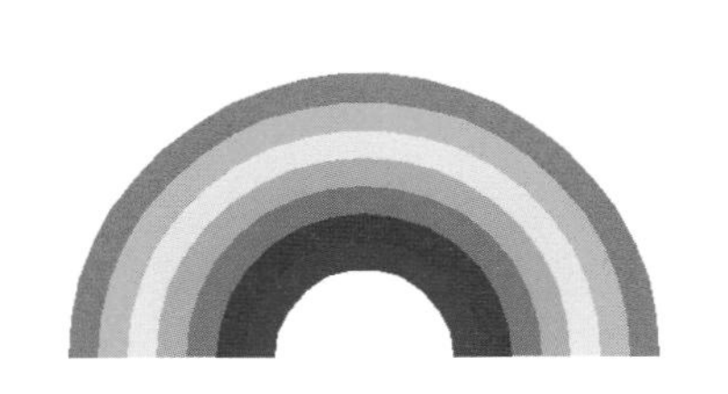

这些都是用 turtle 库画出来的，怎么使用 turtle 库呢？

编程新知

导入 turtle 库

海龟画图需要用到 turtle 库，首先要用 import 命令把海龟库导入。

程序的写法如下：

```
import turtle
```

这句话的意思是导入 turtle 库，导入之后就可以用 turtle 库里的方法进行画图了。

forward () 方法

执行下面的代码看看结果：

```
1  import turtle
2  turtle.forward(100)
```

forward() 方法的功能是命令画笔前进 100 像素的距离。

（注：像素是计算机屏幕用来表示分辨率的单位，比如显示器的分辨率是 1920*1080，则表示显示器一行能显示 1920 个点，总共能显示 1080 行。）

你将得到如下图形。

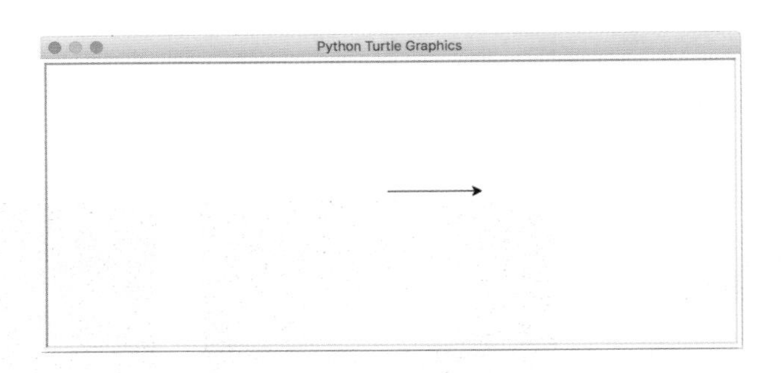

细心的同学会发现，计算机画完直线之后会窗口会自动消失，这时候我们可以加上一行命令：

```
turtle.done()
```

这个函数方法的意思是画笔停止运行，在程序中加上该函数方法则窗口不会自动关闭。

完整的程序如下：

```
1  import turtle
2  turtle.forward(100)
3  turtle.done()
```

引入 turtle 库后，我们每次用 turtle 库里的方法都要写 turtle. 方法名 ()，这样很麻烦，其实我们可以在引用 turtle 库的时候给它取一个别名。

```
1  import turtle as t
```

这句话的意思是引入 turtle 库，并给它取个别名叫作 t，后面我们调用 turtle 库就可以写：

```
1  t.forward()
2  t.done()
```

left()、right() 方法

forward() 方法是表示画笔前进，left() 方法表示画笔逆时针转动多少度，right() 方法表示画笔顺时针转动多少度。

运行下面代码：

```
1  import turtle as t
2  for i in range(4):
3      t.forward(100)
4      t.right(90)
5  t.done()
```

看看程序会画出什么图形？

如果不是右转 90 度，改成别的度数能画出哪些图形呢？

画笔的前进步数也可以用变量来控制，如果把上面的程序改成如下形式：

```
1  import turtle as t
2  for i in range (100):
3      t.forward(i)
4      t.right(90)
5  t.done()
```

观察一下，图形是否发生了重大改变？想想为什么？

继续改变程序，将右转 90 度改成右转 91 度，会发生什么呢？

知识要点

1. **import turtle 表示引入海龟库，可以用“as t”的方法取别名。**
2. **forward(n) 前进 n 步，可简写为 fd(n)。**
3. **right(n) 右转 n 度，可简写为 rt(n)。**
4. **left(n) 左转 n 度，可简写为 lt(n)。**
5. **done() 停止画笔，并保留画布不退出。**

课堂练习

1. 大家可以自行修改上一个题的参数，看看能画出多少种不同的图案。
2. 用 turtle 库画出三角形。
3. 用 turtle 库画出正方形。
4. 用 turtle 库画出平行四边形。
5. 用 turtle 库画出一个五角星。
6. 用 turtle 库画出如下图形：

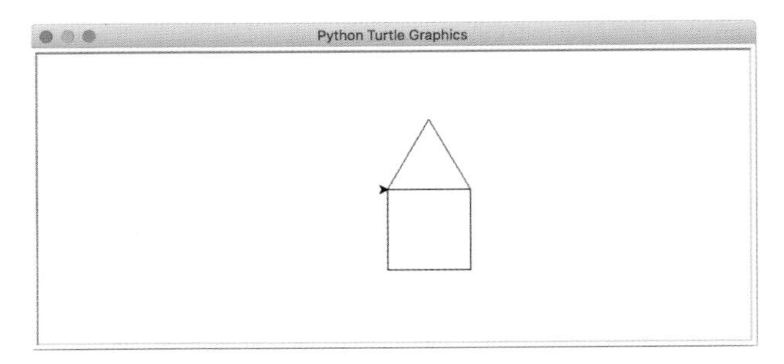

7. 用 turtle 库画出如下图形：

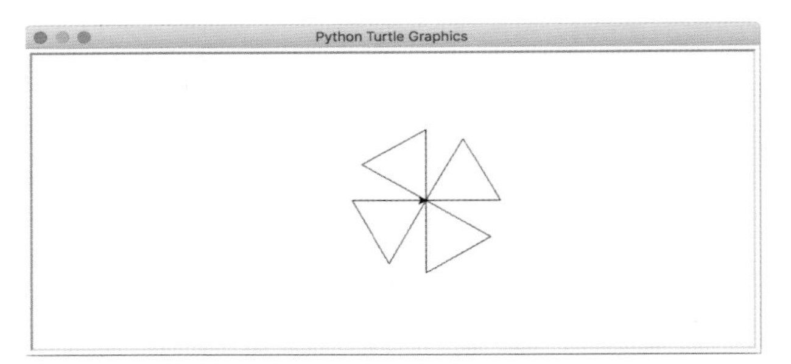

8. 用 turtle 库画出如下图形：

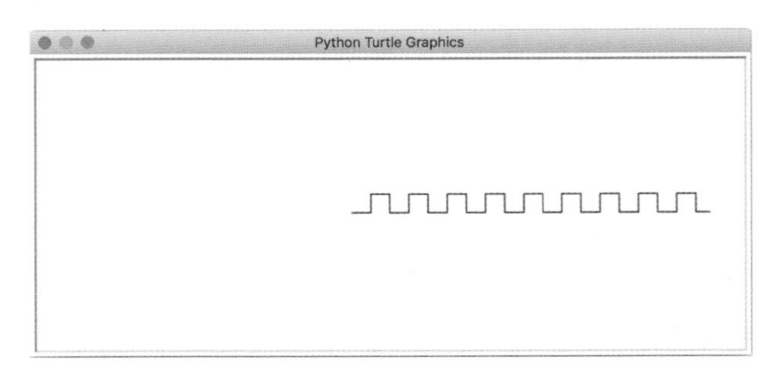

海龟编辑器里提供了快速查找和修改的工具，当你按快捷键 Ctrl+F 的时候，编辑器会弹出查找对话框，我们在里面输入 turtle 即可查找所有 turtle 字符。

点击小箭头，还可以出现替换对话框，把 t 输入替换对话框中，然后点后面的全部替换，就可以快速把程序中的所有 turtle 替换成 t。与全部替换相对应的是逐个替换，意思是一个一个替换，这样替换会更谨慎一些。

第 15 课　彩色的线条

黑白图形显得有些单调，turtle 库是否可以画出具有多彩颜色的图形呢？当然是可以的。

编程新知

pencolor ()

turtle 库为我们提供了一个方法 pencolor() 来设置画笔颜色。用法如下：

turtle.pencolor(colorstring)，其中参数 colorstring 表示颜色的英文名称或 16 进制格式颜色值，如：

```
1  import turtle
2  turtle.pencolor('red') # 设置画笔为红色
3  turtle.pencolor('#cc4455') # 设置画笔为红色的十六进制
```

pensize ()

如何设置画笔粗细呢？这就要用到 pensize() 方法了，用法如下：

```
turtle.pensize(width)
```

参数 width 为一个正数值。

颜色名称多达四百多种，包括：red 红色、green 绿色、blue 蓝色、yellow 黄色、purple 紫色、white 白色、black 黑色，等等，与英语中的颜色称呼是能对应起来的。同学们可以上网搜索 turtle 支持的颜色名称，文中就不一一列举了。

hideturtle()

hideturtle()，简写为 ht()，用来隐藏画笔。该方法运行后画笔的小箭头就隐藏起来了。画完之后隐藏画笔，可以让图形更完美。

请同学们运行下面代码：

```
1  import turtle as t
2  t.pensize(5)
3  t.pencolor('red')
4  t.hideturtle()
5  t.forward(100)
6  t.right(120)
7  t.pencolor('green')
8  t.forward(100)
9  t.right(120)
10 t.pencolor('blue')
11 t.forward(100)
12 t.right(120)
13 t.done()
```

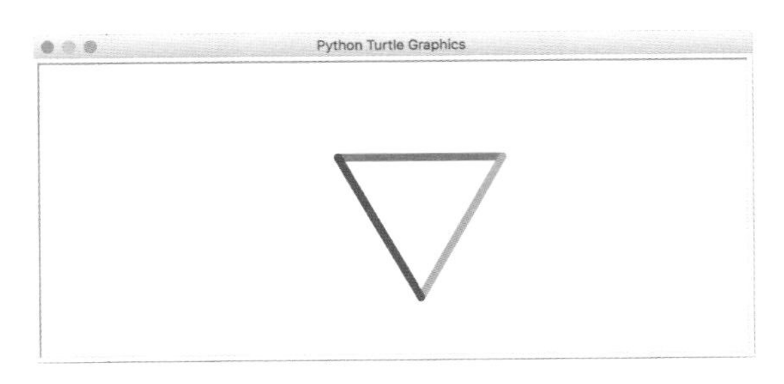

从这个例子我们可以看出，只要设置了画笔颜色和粗细，之后画出的线条就是该颜色和粗细，直到再次设置画笔颜色为别的颜色和粗细为新的值。

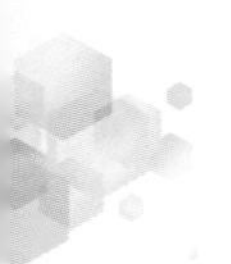

知识要点

turtle 画笔相关方法：

1. pencolor() 设置画笔颜色；

2. pensize() 设置画笔粗细；

3. hideturtle() 隐藏画笔。

课堂练习

1. 请用海龟画图画如下图形：

2. 运行下面代码，并在此基础上进行改进和创新，尝试采用不同的线宽、颜色和旋转的角度值，看看能画出哪些图形。

```
1   import turtle as t
2   t.pensize(2)
3   for i in range(100):
4       if i%3 == 1:
5           t.pencolor('red')
6       elif i%3 == 2:
7           t.pencolor('green')
8       else:
9           t.pencolor('blue')
10      t.forward(i)
11      t.right(120)
12  t.done()
```

3．画出如下图形，提示：设置画笔粗细为 10，颜色为红色。

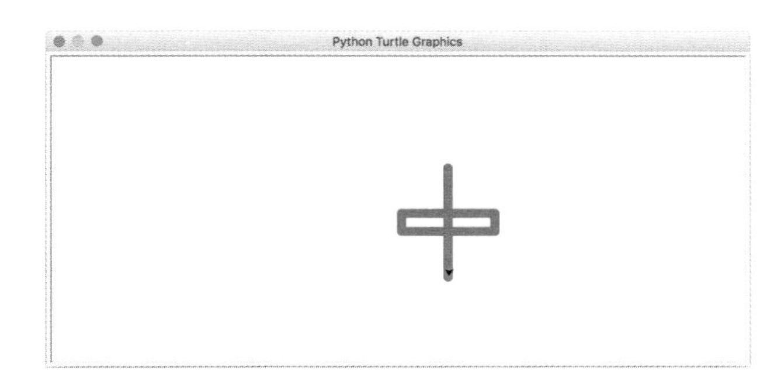

第16课 填充颜色

有时候我们希望为画出来的形状涂色，比如：前面画的小房子，我们希望房顶是红色的，墙是蓝色的，应该怎么做呢？

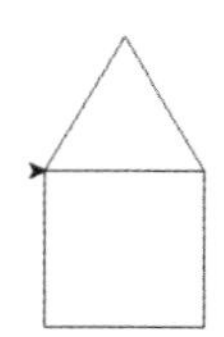

编程新知

turtle 库填充颜色的 4 个方法：

1．fillcolor(color_string)：设置画笔填充颜色。

2．begin_fill( )：设置填充起点。

3．end_fill(color_string)：设置填充终点。

4．color(color1,color2)：参数 color1 设置画笔颜色，参数 color 2 设置填充颜色。

想要填充一个形状的颜色，我们需要用方法 begin_fill() 告诉计算机从这里开始填充，用方法 end_fill() 告诉计算机结束填充，两个方法必须一起使用。

color(color1,color2) 可以同时替代 pencolor() 和 fillcolor() 两个方法，既包括了对画笔颜色的设置，也包括了对填充颜色的设置。

知道了操作方法后，我们运行下面代码，看看能不能画出带颜色的正方形呢？

```
1  import turtle as t
2  t.pencolor('blue')
3  t.fillcolor('blue')
```

```
4  t.begin_fill()
5  for i in range(4):
6      t.forward(100)
7      t.right(90)
8  t.end_fill()
9  t.done()
```

学会了填充正方形的颜色，想必大家也知道三角形该如何填充了。请完成上面小房子的绘制。

运行下面代码，看看画出的是什么图形，体会一下程序。

```
1  import turtle as t
2  t.fillcolor('yellow')
3  t.begin_fill()
4  for i in range(5):
5      t.forward(100)
6      t.left(30)
7      t.forward(100)
8      t.left(150)
9      t.forward(100)
10     t.left(30)
11     t.forward(100)
12 t.end_fill()
13 t.done()
```

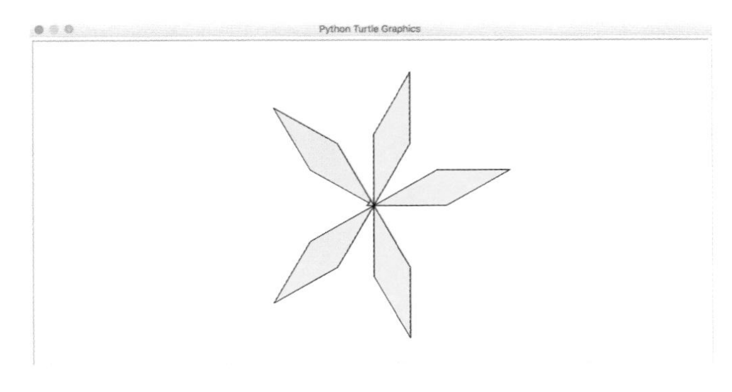

继续修改程序，看看你还能画出哪些图形？

如何能画出下面图形？

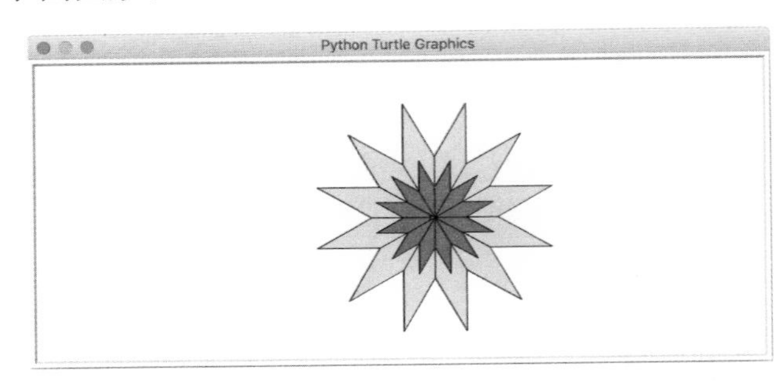

提示：先绘制的图形会被后绘制的图形覆盖，所以想要画出里面的红色星形，需要先绘制外面的黄色部分，后绘制红色部分。

知识要点

1. **fillcolor(color_string) 设置画笔填充颜色**。
2. **begin_fill() 设置填充起点**。
3. **end_fill() 设置填充终点**。
4. **color(color1,color2) 参数 1 设置画笔颜色，参数 2 设置填充颜色**。

课堂练习

1. 用海龟画图画一个平行四边形，并填充蓝色，隐藏画笔，如下图。

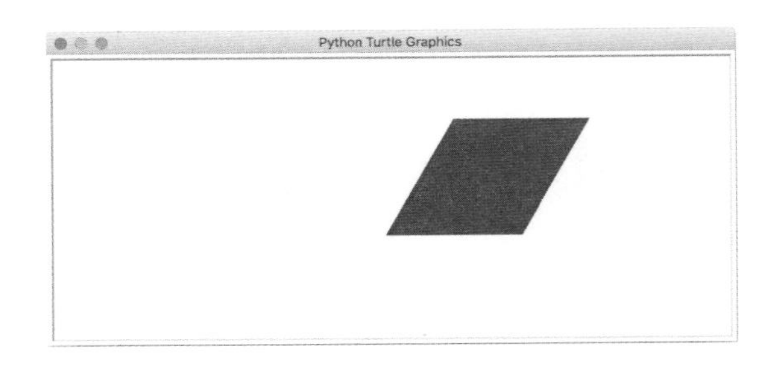

2. 画一个彩色的金字塔，并隐藏画笔，如下图。

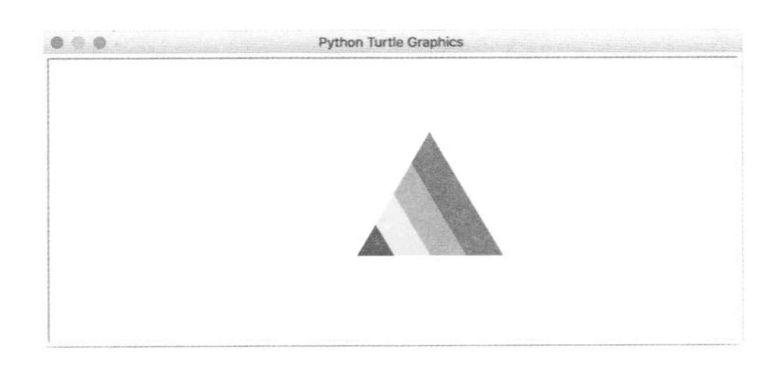

3. 运行下面代码，看看能生成什么图形？想想程序原理。

```
1  import turtle as t
2  import random
3  t.fillcolor('red')
4  for i in range(99):
5      t.penup()
6      t.goto(random.randint(-500,500),
7      random.randint(-400,400))
8      t.pendown()
9      t.begin_fill()
10     for j in range(30):
11         t.forward(j)
12         t.left(80)
13     t.end_fill()
14 t.done()
```

提示：如果觉得画笔运行速度太慢，可以用 penspeed(n) 方法来改变画笔速度，n 是一个 0 到 10 之间的数字，0 是最快，1 是最慢，1 到 10 表示速度逐渐变快。如设置 t.penspeed(6) 则表示画笔速度为中等，t.penspeed(1) 则表示画笔会很慢，同学们可以多尝试一下。

编程百科

并不是所有的图形都是一笔画出来的，比如我们可以用下面的代码画出一朵玫瑰花：

```python
import turtle as t
t.hideturtle()
t.fillcolor('red')
t.begin_fill()
for j in range(30):
    t.forward(j)
    t.left(80)
t.end_fill()
t.done()
```

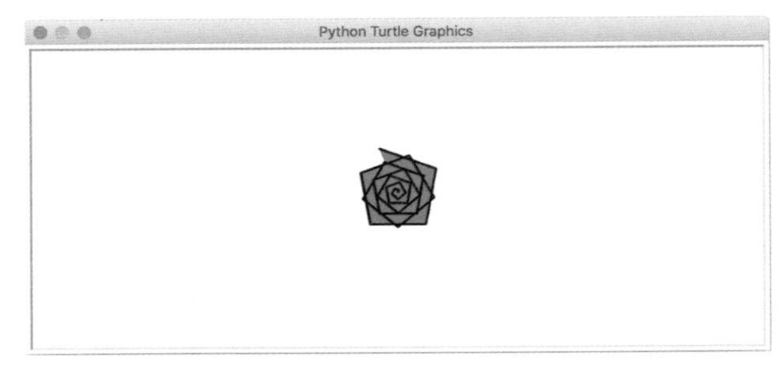

整个画布里只有一朵玫瑰花显得太单调了，于是我们希望画完一朵玫瑰后画笔可以移动到一个新的位置，再绘制另一朵玫瑰，这里我们需要用到 goto(x,y) 方法，用法如：

```python
t.goto(80,90)#将画笔移动到x坐标80，y坐标90处
```

在海龟画图中，画布的中心点是坐标的原点（0,0）。右方向为 x 轴的正方向，上方向是 y 轴的正方向。

同学们可以尝试一下在画完第一朵玫瑰之后，让画笔移动到新的位置画另一朵玫瑰，结果出现了这种情况。

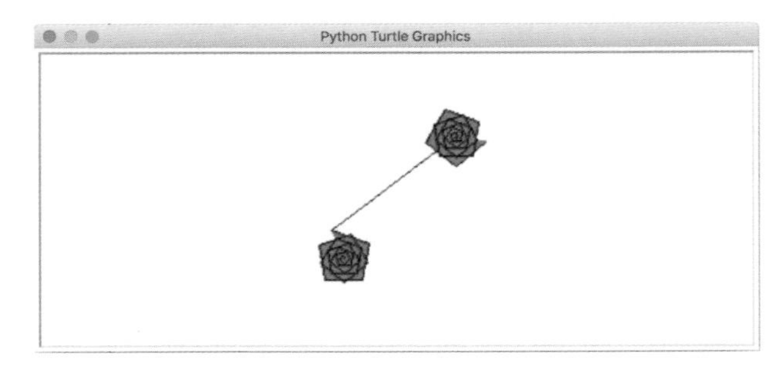

这时我们需要在画完第一朵玫瑰之后抬起笔来，等到了新的位置之后再落下笔，

然后绘制第二朵玫瑰。

抬笔和落笔的函数如下：

```
1  penup ( ) # 设置画笔抬笔
2  pendown ( ) # 设置画笔落笔
```

编程示例：

```
1   import turtle as t
2   t.hideturtle ( )
3   t.fillcolor ( 'red' )
4   t.begin_fill ( )
5   for j in range ( 30 ) :
6       t.forward ( j )
7       t.left ( 80 )
8   t.end_fill ( )
9   t.penup ( )
10  t.goto ( 400,0 )
11  t.pendown ( )
12  t.fillcolor ( 'red' )
13  t.begin_fill ( )
14  for j in range ( 30 ) :
15      t.forward ( j )
16      t.left ( 80 )
17  t.end_fill ( )
18  t.done ( )
```

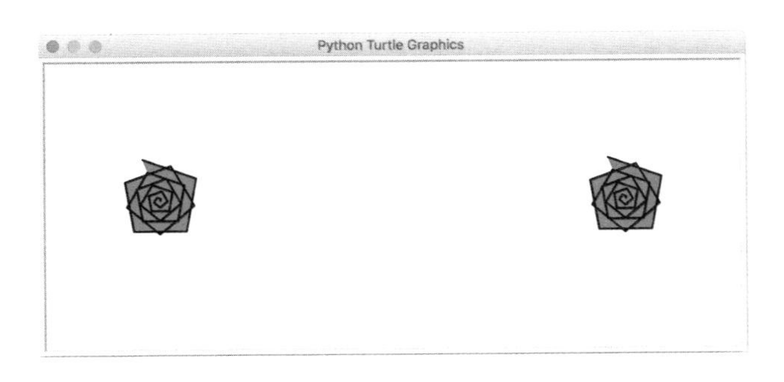

第 17 课　圆的世界

太阳是圆的，地球是圆的，车的轮子是圆的……物理世界中，很多事物都是由圆形构成的。turtle 库对圆形图案的处理功能是很强大的。

编程新知

绘制圆

只画直线的话会限制生成图案的形状，在 turtle 库中有一个非常强大的方法，turtle.circle(radius, extent=None)，此方法表示绘制圆弧，radius 表示半径，extent 表示弧度。extent=None 时，表示画一个圆。如：

```
1  import turtle as t
2  t.circle(50)
3  t.done()
```

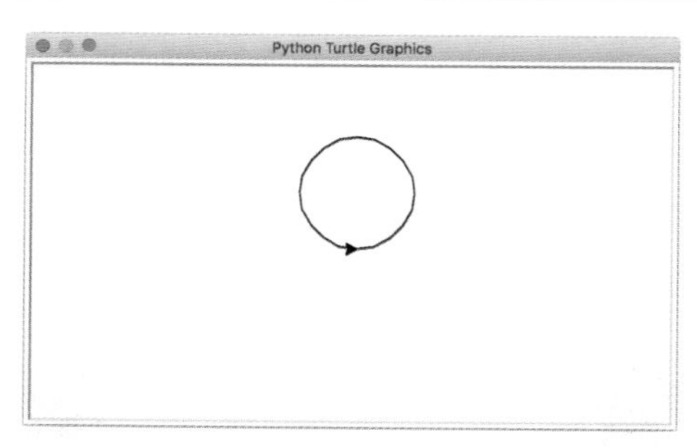

在上面程序的基础上，我们稍加改造一下：

```
1  import turtle as t
2  t.speed(0)
3  t.pencolor('green')
```

```
4  for i in range(20):
5      t.circle(50)
6      t.right(20)
7  t.done()
```

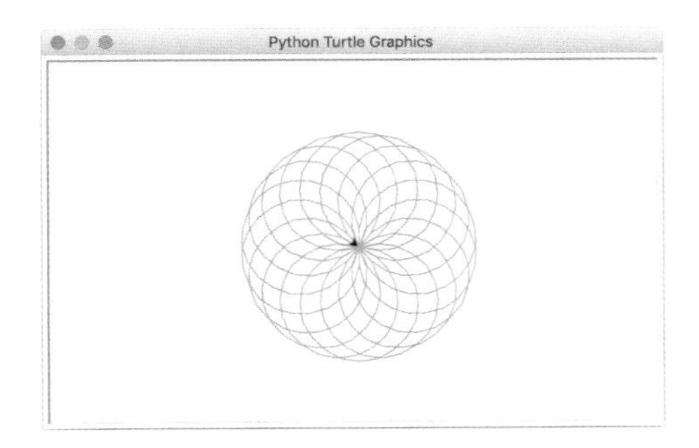

绘制圆弧

circle() 函数的第二个参数表示绘制的圆弧的弧度，默认为 360 度，输入小于 360 度的参数，可以画出一段弧形，如：circle(50,90) 和 circle(-50,90)，绘制出来的圆弧分别是：

圆的一周是 360 度，所以绘制 90 度会得到四分之一个圆。半径数值为正，画笔逆时针绘制圆弧；半径数值为负，画笔顺时针绘制圆弧。

了解了这个特性之后，我们可以尝试画一片绿叶：

```
1  import turtle as t
2  t.fillcolor('green')
3  t.begin_fill()
4  t.circle(50,90)
5  t.left(90)
6  t.circle(50,90)
7  t.end_fill()
8  t.done()
```

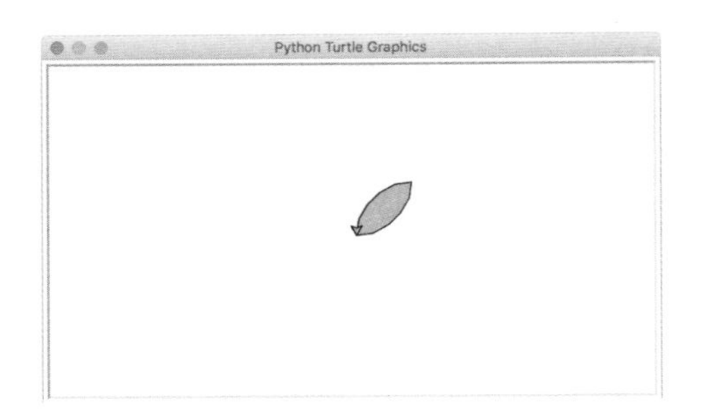

想一下，如何画出如下图像？

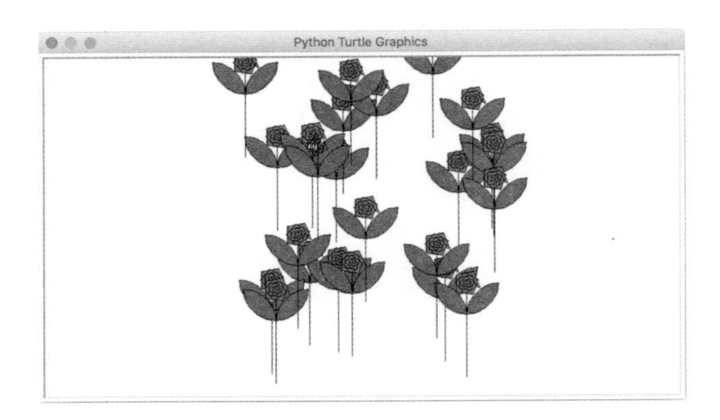

知识要点

turtle.circle(radius, extent=None)

作用：根据半径 radius 绘制 [extent 角度的弧形]

参数：

1. radius：一个数值，值越大图形越大，表示半径。

其中，当 radius 值为正数时，朝上方绘图。

当 radius 值为负数时，朝下方绘图。

2. extent：一个数值（或 None），表示弧度。

其中，当 extent 值为正数时，箭头方向与绘图方向相同。

当 extent 值为负数时，箭头方向与绘图方向相反。

当 extent 值为 None 时，绘制整个圆。

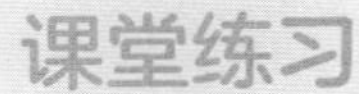

1. 请使用 turtle 库绘制如下图形，该图形由六个圆圈组合而成，并填充为蓝色。具体要求如下：

（1）画笔颜色为黄色，填充颜色为蓝色，画笔粗细为 5；

（2）绘图过程隐藏画笔图标；

（3）如下图形能够完整显示在画布上。

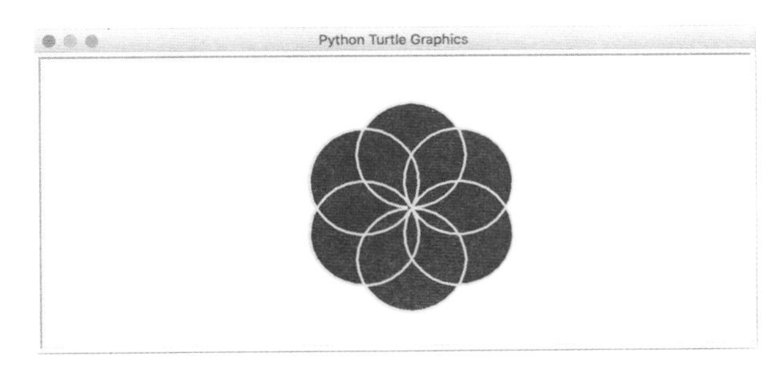

2. 用 turtle 库画出下面图形。

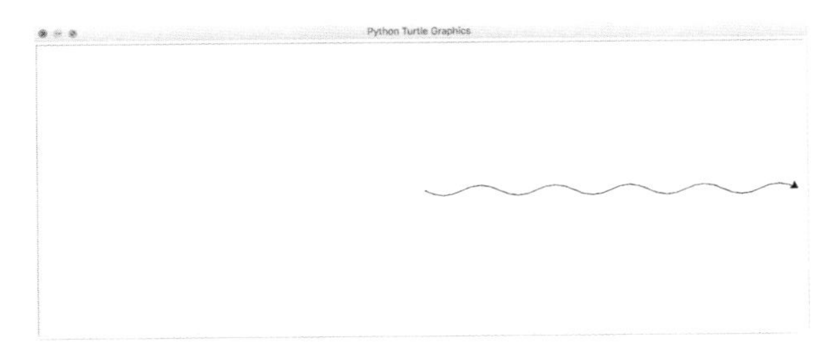

单元练习

1．请使用 turtle 库绘制如下图形，该图形由三个正方形围绕公共顶点均匀摆放而成。具体要求如下：

（1）画笔颜色为绿色，画笔粗细为 5；

（2）绘图过程隐藏画笔图标；

（3）图形能够完整显示在画布上。

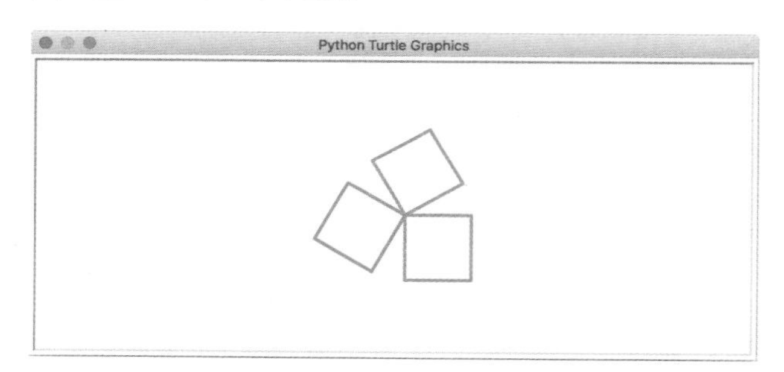

2．请使用 turtle 库绘制如下图形，该图形由四个等边三角形围绕公共顶点均匀摆放而成。具体要求如下：

（1）画笔颜色为红色，画笔粗细为 4；

（2）绘图过程隐藏画笔图标；

（3）图形能够完整显示在画布上。

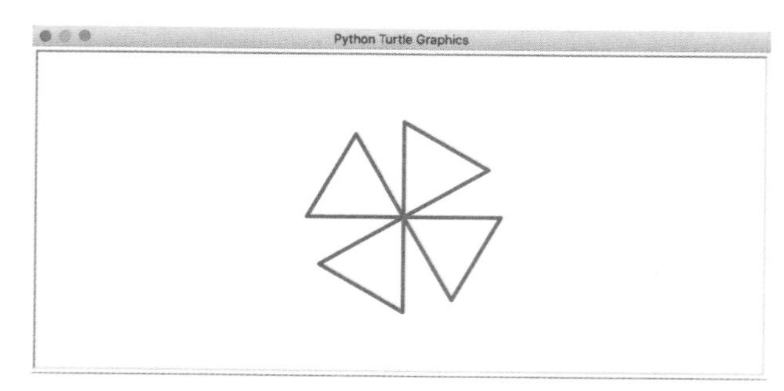

3．请使用 turtle 库绘制如下五角星图形。具体要求如下：

（1）五角星的五个角颜色各不相同（不限于图示颜色），画笔粗细为 5；绘制完成后隐藏画笔图标；

（2）图形能够完整显示在画布上。

提示：blue 蓝色；black 黑色；yellow 黄色；red 红色；green 绿色。

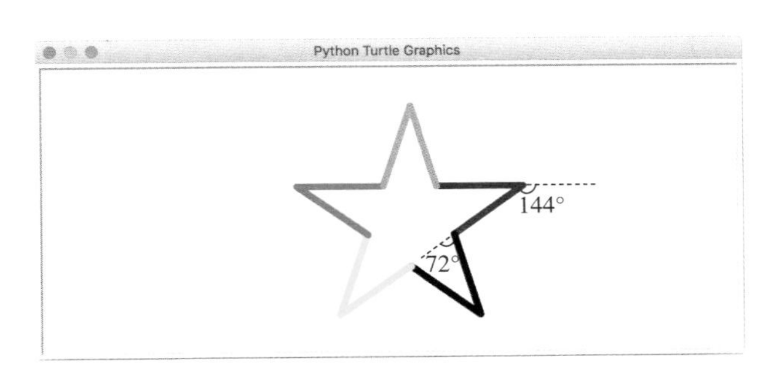

第五单元 列表

送你一列小火车，不拉货，专拉数据。

- 列表
  - 创建列表
    - 列表概念
    - 列表创建、列表索引
  - 添加、修改列表元素
    - 元素添加方法：append ()、insert ()、extend ()
    - 元素修改：列表名 [索引] = 新元素
  - 删除元素
    - 命令 del、方法 remove ()、方法 pop ()、方法 clear () 用法介绍
  - 列表切片
    - 列表切片 list [::] 结构及说明
  - 列表统计
    - 列表函数 max ()、min ()、sum ()、len ()、index ()、count () 使用
  - 列表排序
    - 排序方法 sort ()、reverse () 应用
    - 列表乘法、遍历列表元素

每一个变量都有一个名字，每个变量里可以存一个数或一个字符串。若我们把全班同学的名字存起来，则需要几十个变量，用起来非常不方便。为了解决这个问题，就需要用到列表。

编程新知

什么是列表

列表（list）是 Python 的一种数据类型，可以存放不确定数量的数据，这些数据是按顺序排列的。

我们可以形象地把列表看作一列玩具火车，每节车厢都能装一个变量，而且不用为每节车厢起名字，只需要用车厢号来区别即可。火车车厢数量随时可以增加和减少，每节车厢里的数据随时都可以修改。

创建列表

创建一个列表就像命名一个变量一样简单。如：

```
a = [ ]
```

方括号表示这是一个列表，方括号里什么都不写表示这是一个空列表。创建列表也可以同时带上数据，我们称为列表的元素，元素之间需要用“,”分开。如：

```
a = ['香蕉','苹果','橙子']
```

列表元素的类型可以是整数、浮点数、字符串，甚至也可以是列表。元素和元素之间类型可以不一样。

```
b = ['a','b','c',1,2,3,'Python 编程 ']
```

创建一个保存学生姓名的列表 list1，创建一个保存学生成绩的列表 list2，打印出来看看。

```
1  list1 = [' 加加 ',' 多多 ',' 霏霏 ',' 小轩 ']
2  list2 = [98,96,99,100]
3  print(list1)
4  print(list2)
```

控制台

```
[' 加加 ',' 多多 ',' 霏霏 ',' 小轩 ']
[98,96,99,100]
程序运行结束
```

通过观察发现，打印输出的列表的两边也带有方括号。

列表索引（index）

列表中，每个元素都有一个索引，和每个人都有一个唯一的身份证号码一样。访问列表中的元素，就可以通过元素的索引来访问。列表中各元素的索引是从 0 开始的。列表第 1 个元素索引是 0，第 2 个元素索引是 1，第 3 个元素索引是 2，以此类推。第 n 个元素索引是 n–1。列表还支持负数作为索引，最后一个元素的索引是 –1，倒数第二个是 –2，以此类推。

访问列表的元素，用“列表名 [索引]”。比如前面我们声明的列表 a，如果要访问第 1 个元素和最后 1 个元素，可以这么写：

```
a[0]
a[-1]
```

我们可以把这个元素打印输出：

```
print(a[0],a[-1])
```

控制台

```
香蕉  橙子
程序运行结束
```

也可以把元素赋值给别的变量：

```
b = a[0]
```

用列表来写一个家务劳动抽奖游戏：先创建一个列表，在列表中保存很多家务劳动的项目，然后用随机数从中抽取出一项。程序如下：

```
1  import random
2  work_list = ['做饭','拖地','洗衣服','买菜','洗碗']
3  n = random.randint(0,4)
4  print(work_list[n])
```

控制台

```
洗衣服
程序运行结束
```

知识要点

1. 创建列表，用“[ ]”，元素之间用逗号分隔，元素类型可以不同。

2. 列表的索引，索引从 0 开始，–1、–2 可以表示倒数第 1 个、第 2 个元素。

3. 访问列表的元素：列表名 [索引]。

课堂练习

1．下列选项中，能够正确完成列表创建的是（　　）。

A．a = {66,Python,99}　　　　B．a = (66,Python,99)

C．a = [66,"Python",99]　　　　D．a =< 66,"Python" ,99>

2．请编写一个程序，创建一个列表，保存同学的姓名，再创建一个列表保存同学的成绩，然后循环输入查找几号同学的成绩，并输出查询结果。

3．请编写一个程序，用列表保存一周内每天食堂的菜单，然后输入今天是星期几，根据列表输出当日对应的菜单。

4．现在我们可以用列表的知识重新设计 turtle 库的程序。

把多种颜色存在一个列表中，根据示例图形，看看自己能独立实现吗？

提示：把颜色存放到列表中

```
lst=['red','green','blue','yellow']
```

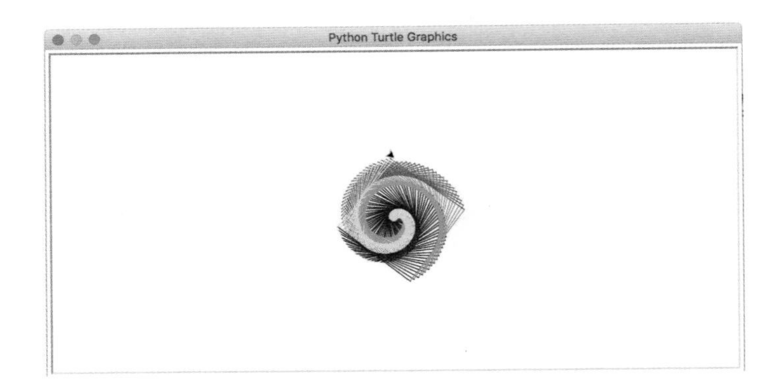

第19课 添加和修改数据

列表中保存的数据有时候需要增加、删除或修改。比如我们用列表保存一个班里的学生信息，如果班里来了新同学，或有同学转校，就需要修改列表了。Python语言为我们提供了很多修改数据的方法。

编程新知

append() 方法

向列表末尾添加新的元素，我们需要用 append() 方法，语法格式：

列表名 .append(新元素)

编程示例：

```
1  work_list = ['做饭','拖地','洗衣服']
2  work_list.append('倒垃圾')
3  print(work_list)
```

控制台

```
['做饭','拖地','洗衣服','倒垃圾']
程序运行结束
```

我们看到列表最后新增了一个元素。

注意：append() 与以前用的 int()、float()、str() 等函数不同，append() 是列表的一个方法，不是 Python 的内置函数。

insert() 方法

列表还有一个 insert() 方法，与 append() 方法的区别是：append() 方法只是向列表的结尾处增加元素，而 insert() 方法可以向列表内任意指定位置插入元素。语法格式：列表名 .insert（索引，新元素）

编程示例：

```
1  work_list.insert(0,'洗菜')
2  print(work_list)
```

控制台

['洗菜','做饭','拖地','洗衣服', '倒垃圾']
程序运行结束

```
1  work_list.insert(2,'擦窗户')
2  print(work_list)
```

控制台

['洗菜','做饭','擦窗户','拖地','洗衣服','倒垃圾']
程序运行结束

extend()

把一个列表的所有元素追加到另外一个列表末尾，语法格式：

列表名 .extend（新列表名）

编程示例：

```
1  list1 = ['a','b','c']
2  list2 = [1,2,3]
3  list1.extend(list2)
4  print(list1)
```

控制台

['a', 'b', 'c', 1, 2, 3]
程序运行结束

修改列表元素

如果我们希望修改列表中的元素应该怎么做呢？很简单，直接将列表中的对应

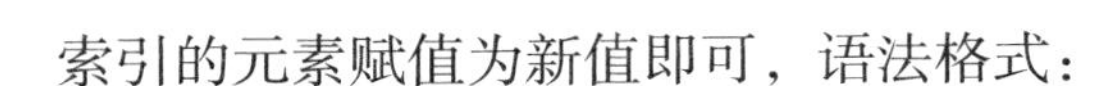
索引的元素赋值为新值即可，语法格式：

元素名 [索引]= 新元素

```
1  work_list[0]='买菜'
2  print(work_list)
```

控制台

```
['买菜','做饭','擦窗户','拖地','洗衣服','买菜','洗碗','倒垃圾']
程序运行结束
```

列表中第 0 号元素的值就变成新值了。

结合所学新知识，我们改进一下家务劳动抽奖程序。可以多次抽奖，当我们抽取到某个家务活，把该项的内容变为“已完成，请重新抽取”。程序如下：

```
1  import random
2  work_list = ['做饭','拖地','洗衣服']
3  while True:
4      input('按回车键开始抽取：')
5      n = random.randint(0,2)
6      print(work_list[n])
7      work_list[n] = '已完成，请重新抽取'
```

控制台

```
按回车键开始抽取：
洗衣服
按回车键开始抽取：
程序运行结束
```

这里我们虽然用到了 input() 函数，但是并没有把用户的输入存入变量中，这是因为，在这里我们只是想利用 input() 函数的阻塞功能，让程序停下来，等待用户输入，无论用户输入什么，我们都会继续下面的语句，所以无须把输入内容存到变量中。

知识要点

1. 列表新增元素有 3 种方法：

append()，列表末尾新增元素；

insert()，在列表指定位置新增元素；

extend()，将一个列表元素新增到另外一个列表中。

2. 修改列表元素方法：

元素名 [索引]= 新元素，对具体位置的列表重新赋值。

课堂练习

1．运行下列代码

```
1  f_l = ['a','b','c','d','e']
2  for i in range(2):
3      n = int(input('请输入数值：'))
4      if n > 10:
5          print(f_l[0])
6      else:
7          if n <= 3:
8              print(f_l[1])
9          elif n <= 6:
10             print(f_l[2])
11         else:
12             print(f_l[3])
```

输入：

10

6

输出的结果分别是（　）。

A. a　c　　　　　　　　　B. b　e

C. d　e　　　　　　　　　D. d　c

2. 运行下列代码，输出结果是（　）。

```
1  list = ['武汉','南京','广州']
2  list[1] = "杭州"
3  print(list)
```

A. ['武汉','杭州','南京','广州']

B. ['杭州','武汉','南京','广州']

C. ['杭州','南京','广州']

D. ['武汉','杭州','广州']

3. 写一个猜数字游戏，让计算机随机输出一个 1 ~ 10 的数，让用户猜，记录下每次用户猜的数字。当用户猜对了，打印出每次猜的数。

第 20 课 删除列表元素

列表中元素除了新增和修改，不再使用的元素我们可以删除。列表删除数据有 4 种方法，适用在不同的场景。

编程新知

del 语句

del 语句可以根据索引删除列表中指定的元素，语法格式：

del 列表名 [索引]

编程示例：

```
1  list = ['a','b','c','d']
2  del list[0] # 删除了 0 号元素
3  print(list)
```

控制台

```
['b', 'c', 'd']
程序运行结束
```

我们甚至可以删除列表中的某个片段所有元素。

```
1  list = ['a','b','c','d']
2  del list[0:2] # 列表切片下一课详细讲解
3  print(list)
```

控制台

```
['c', 'd']
程序运行结束
```

注意，如果要删除一个并不存在的元素，会报错。

remove() 方法

如果我们并不知道要删除的元素的索引，只知道元素的值，可以用 remove() 方法，直接删除内容。语法格式：

列表 .remove（元素）

```
1 list = ['a','b','c','d']
2 list.remove('b') # 删除元素 b
3 print(list)
```

控制台

```
['a', 'c', 'd']
程序运行结束
```

可以看到，'b' 从列表中消失了。当我们 remove() 一个并不存在的元素时程序会报错。

```
1 list = ['a','b','c','d']
2 list.remove('g')
3 print(list)
```

控制台

```
Traceback (most recent call last):
  File "C:\Users\ADMINI~1\AppData\Local\Temp\codemao-bfamUH/temp.py", line 2, in
<module>
    lst.remove('g')
ValueError: list.remove(x): x not in list
程序运行结束
```

pop() 方法

如果不加任何参数，pop() 删除列表的最后一个元素，并且能保留删除的数据，编程示例：

```
1 list = ['a','b','c','d']
2 n = list.pop() # 删除最后一个元素并返回给变量 n
3 print(n)
```

控制台

```
d
程序运行结束
```

我们可以看到最后一个元素被删除了，变量 n 中存放的就是被删除的元素。

pop() 增加参数，可以删除指定索引的元素，并且可以保存被删除元素，编程示例：

```
1  list = ['a','b','c','d']
2  n = list.pop(2) # 删除索引为 2 的元素，并赋值给变量 n
3  print(n)
```

控制台

```
c
程序运行结束
```

clear() 方法

clear() 用于清空列表中所有元素。

```
1  list = ['a','b','c','d']
2  list.clear() # 清空所有元素
3  print(list)
```

控制台

```
[]
程序运行结束
```

知识要点

1．del 命令：可以按照索引值删除列表元素。

2．remove() 方法：可以根据元素值删除元素。

3．pop() 方法：可以按照索引值删除列表元素，并能返回被删除的元素的值；如果不指定删除哪个索引值元素，则默认删除最后一个元素。

4．clear() 方法：可以清空列表所有元素。

课堂练习

1. 下列程序运行结果是（　　）。

```
1 list = [1,2,3,4,5,6,7,8,9,10]
2 sum = 0
3 while list:
4     sum += list.pop()
5 print(sum)
```

A. 10　　B. 1

C. 55　　D. 45

2. 运行下列代码，输出的结果是（　　）。

```
1 list = ['北京','上海','南京','广州','深圳']
2 list.pop(2)
3 print(list)
```

A. ['上海']　　B. ['南京']

C. ['北京','南京','广州','深圳']　　D. ['北京','上海','广州','深圳']

第21课　列表的切片

查看和修改列表中单个元素的方法前面已经学过，那查看和修改多个元素又该如何操作呢？

编程新知

列表切片 [::]

Python 为列表提供了强大的切片功能，使用格式：

```
list[start:end:step]
```

其中 start 表示切片开始的位置，默认是 0。

end 表示切片截止的位置（不包含），默认是列表长度。

step 表示切片的步长，默认是 1。

当 start 是 0 时，可以省略；当 end 是列表的长度时，可以省略。

当 step 是 1 时，也可以省略，并且省略步长时可以同时省略最后一个冒号。

此外，当 step 为负数时，表示反向切片，这时 start 值应该比 end 值大。

编程示例 1：

```
1  list = [1,2,3,4,5,6,7,8,9]
2  print(list[::]) # 返回包含原列表所有元素的新列表
3  print(list[::-1]) # 返回原列表的一个逆序列表
4  print(list[::2]) #[1,3,5,7,9] 取列表下标偶数位元素
5  print(list[1::2]) #[2,4,6,8] 取列表下标奇数位元素
6  print(list[3:6:]) #[4,5,6]  # 取列表中下标 3 到 6 的值，步长是 1
```

```
7 print(list[3:6:2])# 取列表中下标 3 到 6 的值，步长是 2
8 print(list[:10])#  [1,2,3,4,5,6,7,8,9]  end 大于列表长度时，取列表中所有元素，省略了步长 1
9 print(list[10:])# 表示从列表的第 10 位开始取，一直取到列表结果，步长是 1
```

控制台

```
[1, 2, 3, 4, 5, 6, 7, 8, 9]
[9, 8, 7, 6, 5, 4, 3, 2, 1]
[1, 3, 5, 7, 9]
[2, 4, 6, 8]
[4, 5, 6]
[4, 6]
[1, 2, 3, 4, 5, 6, 7, 8, 9]
[]
程序运行结束
```

编程示例 2：

```
1 list = [1,2,3,4,5,6]
2 list[:3] = []# 删除列表中前 3 个元素
3 print(list)#[4,5,6]
4
5 list = [1,2,3,4,5,6]
6 del list[:3]# 使用 del 关键字删除列表前 3 个元素
7 print(list)#[4,5,6]
```

控制台

```
[4, 5, 6]
[4, 5, 6]
程序运行结束
```

请依次回答以下程序会输出什么？

```
1 list = ['苹果','桔子','西瓜','黄瓜','土豆','茄子']
2 print(list[-1])
3 print(list[-2])
4 print(list[1])
5 print(list[2:4])
6 print(list[2:-1])
```

```
7  print(list[-2:-1])
8  print(list[:2])
9  print(list[4:])
```

知识要点

列表切片，语法格式：list[start:end:step]。

参数：

1. **start 表示切片开始的位置，默认是 0。**
2. **end 表示切片截止的位置（不包含），默认是列表长度。**
3. **step 表示切片的步长，默认是 1。**

课堂练习

1. 运行下列代码，输出结果是（　）。

```
list = ["岂","曰","无","衣","与","子","同","袍"]
print(list[4:6])
```

A. ["衣","与"]　　B. ["与","子"]

C. ["衣","与","子"]　　D. ["与","子","同"]

2. 运行下列代码，输出结果是（　）。

```
1  str1 = "我爱你我的祖国"
2  print(str1[1] + str1[-1])
```

A. 我国　　B. 爱你我的祖国

C. 爱国　　D. 我爱国

3. 运行下列代码，输出结果是（　）。

```
1  list1 = ['cat','dog','rabbit','pig','sheep']
2  print(list1[0:4])
```

A. ['cat', 'dog', 'rabbit', 'pig', 'sheep']　　B. ['cat', 'dog', 'rabbit' , 'pig']

C. ['dog', 'rabbit', 'pig', 'sheep']　　D. ['dog', 'rabbit', 'pig']

4. 运行下列代码，输出结果是（　　）。

```
list1 = [1,2,3]
list2 = ['a','b','c']
print(2 * list1 + list2)
```

A. [1, 2, 3, 'a', 'b', 'c', 1, 2, 3, 'a', 'b', 'c']　B. [2, 4, 6, 'a', 'b', 'c']

C. [1, 2, 3, 1, 2, 3, 'a', 'b', 'c']　D. [1, 2, 3, 'a', 'b', 'c', 1, 2, 3]

第22课 列表的统计

Python 中有很多方法和函数可以对列表进行处理，而且实用性非常强，统计非常方便。例如取列表元素最大值、最小值、列表长度、相同元素个数等。

编程新知

列表统计计算相关常用函数和方法：

函数或方法名	说明
sum() 函数	求列表中元素的和
max() 函数	求列表中元素的最大值
min() 函数	求列表中元素的最小值
len() 函数	求列表长度（元素个数）
count() 方法	求指定元素在列表中的次数
index() 方法	求列表元素首次出现的索引

编程示例：

```
1  list1 = [1,2,3,4,5]
2  print(sum(list1))# 列表元素的和
3  print(max(list1),min(list1))# 列表最大值元素和最小值元素
4  print(len(list1))# 列表元素个数
```

控制台

```
15
5 1
5
程序运行结束
```

再改进一下家务劳动程序，让用户输入家务劳动的内容，然后在程序中根据列

表的长度生成随机数，编程示例：

```
1  import random
2  todo_list = []
3  while True:
4      cmd = input('请录入家务劳动内容，输入 ok 结束录入')
5      if cmd == 'ok':
6          break
7      else:
8          todo_list.append(cmd)
9
10 while True:
11     cmd = input('请按回车键开始抽取（Q 退出程序）')
12     if cmd == 'Q':
13         break
14     else:
15         num = random.randint(0,len(todo_list)-1)
16         print(todo_list[num])
17         todo_list[num] = '请重新抽取'
```

控制台

```
请录入家务劳动内容，输入 ok 结束录入洗碗
请录入家务劳动内容，输入 ok 结束录入扫地
请录入家务劳动内容，输入 ok 结束录入洗衣服
请录入家务劳动内容，输入 ok 结束录入 ok
请按回车键开始抽取（Q 退出程序）
洗碗
请按回车键开始抽取（Q 退出程序）
洗衣服
请按回车键开始抽取（Q 退出程序）
请重新抽取
请按回车键开始抽取（Q 退出程序）
扫地
请按回车键开始抽取（Q 退出程序）
```

count() 方法求指定元素在列表中的个数，index() 方法求指定元素在列表中第一次出现的索引。

```
1  list2 = ['a','b','c','b','d','e']
2  print(list2.count('b'))  #b 的个数 2
3  print(list2.index('b'))  #b 第 1 次出现的索引是 1
```

控制台

```
2
1
程序运行结束
```

请同学们写一个程序，循环让用户输入全班同学的语文成绩，当输入 -1 时停止循环，打印出全班的最高分、最低分、全班总分、全班人数和平均分。

```
1   a = []
2   while True:
3       b = int(input('请输入成绩，输入 -1 结束'))
4       if b == -1:
5           break
6       else:
7           a.append(b)
8   print('全班最高分',max(a))
9   print('全班最低分',min(a))
10  print('全班总分',sum(a))
11  print('全班人数',len(a))
12  print('全班平均分',sum(a)/len(a))
```

控制台

```
请输入成绩，输入 -1 结束 90
请输入成绩，输入 -1 结束 88
请输入成绩，输入 -1 结束 68
请输入成绩，输入 -1 结束 73
请输入成绩，输入 -1 结束 85
请输入成绩，输入 -1 结束 -1
全班最高分 90
全班最低分 68
全班总分 404
全班人数 5
全班平均分 80.8
程序运行结束
```

知识要点

列表统计常用的函数或方法：

1. sum() 函数，对列表元素求和。

2. max() 函数，求列表元素最大值。

3. min() 函数，求列表元素最小值。

4. len() 函数，求列表元素长度。

5. count() 方法，求元素在列表中的个数。

6. index() 方法，求元素在列表中第 1 次出现的索引。

课堂练习

1．运行下列代码，输出结果是（　）。

```
list1 = [2,45,21,45,99]
print(max(list1) - min(list1))
```

A．99　　B．2

C．97　　D．以上答案均不正确

2. 有 10 个裁判为选手打分，向列表中输入 10 个裁判的分数，去掉一个最高分，去掉一个最低分，然后计算该选手的平均分。

3．写一个程序，输入班级中每个人的体重，当输入 0 时停止录入，然后程序输出班里最重的体重和最轻的体重，计算他们的差，并输出全班的人数和平均体重。

4．生成 100 个 0 到 20 之间的随机数，存放到列表中，然后用程序输出这些随机数中有没有 10，有几个 10；有没有 0，有几个 0。

5．某学校校长想统计全校有多少学生不及格，多少学生分数超过 90 分，请编写程序，用户依次输入每个学生的成绩，当输入 –1 时停止录入，并输出低于 60 分的人数和高于 90 分的人数。

输入样例：

78

98

74

91

83

56

94

输出样例：

不及格人数：1

90 分以上人数：3

列表的妙用

列表中可以保存各种类型的数据，当然也可以保存列表。利用这个功能，我们可以实现在列表中保存复杂数据。例如我们可以用多个列表保存多个学生的信息，然后把这些变量放到一个大的列表中保存。

编程示例：

```
1  student1_info = ['张三','光明小学',99,95,85]
2  student2_info = ['李四','光明小学',59,75,95]
3  student3_info = ['王五','光明小学',92,93,81]
4  students_list = [student1_info,student2_info,student3_info]
5  print(students_list)
```

控制台

```
[['张三', '光明小学', 99, 95, 85], ['李四', '光明小学', 59, 75, 95], ['王五', '光明小学', 92, 93, 81]]
程序运行结束
```

列表中元素可以进行排序，就好像学生的成绩，每次考试完我们需要把成绩从高到低排好，这样老师就可以很方便地统计90分以上人数及分数，不及格的人数等。

编程新知

sort() 方法

列表中存储的所有元素可以进行排序，排序需要调用列表的 sort() 方法，编程示例：

```
1  list1 = [1,4,9,3,2,1,5,6,3]
2  list1.sort()
3  print(list1)
```

控制台

```
[1, 1, 2, 3, 3, 4, 5, 6, 9]
程序运行结束
```

如果想把列表中的元素从大到小排序，可以在方法中加入参数。

```
1  list1.sort(reverse = True)
```

控制台

```
[9, 6, 5, 4, 3, 3, 2, 1, 1]
程序运行结束
```

reverse() 方法

如果需要将列表中所有元素反向排序，可以用 reverse() 方法，如：

```
1 list1 = [1,4,9,3,2,1,5,6,3]
2 list1.reverse()
3 print(list1)
```

控制台

[3, 6, 5, 1, 2, 3, 9, 4, 1]
程序运行结束

细心的同学会发现，sort(reverse=True) 和 reverse() 的处理的逻辑是不一样的。sort(reverse=True) 是把列表中的元素从大到小排序，而 reverse() 是把列表中的元素从后往前反向排序重新生成新列表。

列表乘法

一个列表乘以一个数会得到什么呢?

```
1 list1 = ['a','b','c']
2 print(list1 * 2)
```

控制台

['a', 'b', 'c', 'a', 'b', 'c']
程序运行结束

从实验中我们可以看到，一个列表乘以一个整数会得到多个列表重复出现的新列表。

列表的遍历

遍历就是列表中的所有元素都执行动作，遍历列表常用的方法有两种：

1. 直接用 for 循环遍历列表

```
1 list1 = [1,4,9,3,2,1,5,6,3]
2 for i in list1:
3     if i%2 == 0:
4         print(i,'是个偶数。')
```

```
5       else:
6           print(i,'是个奇数。')
```

2. 使用 range() 函数通过索引值遍历列表

```
1   list1 = [1,4,9,3,2,1,5,6,3]
2   for i in range(len(list1)):
3       if list1[i]%2 == 0:
4           print(list1[i],'是个偶数。')
5       else:
6           print(list1[i],'是个奇数。')
```

控制台

```
1 是个奇数。
4 是个偶数。
9 是个奇数。
3 是个奇数。
2 是个偶数。
1 是个奇数。
5 是个奇数。
6 是个偶数。
3 是个奇数。
程序运行结束
```

知识要点

1. 列表排序：sort() 按升序排序，reverse 参数可以指定升序或降序；reverse() 方法使列表中全部元素反向排序。

2. 列表乘以一个整数 n，等于创建了一个重复 n 次本列表的新列表。

3. 列表遍历方法，for 循环遍历元素，range() 函数可以遍历对应索引。

课堂练习

1．运行下列代码，输出结果是（　）。

```
1  a = '共克时艰'
2  print(a * 3)
```

A．a * 3　　B．共克时艰 * 3

C．共克时艰共克时艰共克时艰　　D．共克时艰 3

2．运行下列代码，输出结果是（　）。

```
1  list1 = [3,7,4,2]
2  list1.sort()
3  print(list1)
```

A．[3,7,4,2]　　B．[2,3,7,4]

C．[2,3,4,7]　　D．[3,2,4,7]

3．把列表 ['1','3','9','4','5'] 中的每一个元素类型转换成整数类型，存放到新列表中，并将新列表的所有元素打印输出。

单元练习

1. 运行下列代码，输出结果是（　　）。

```
1 lst = [0,33,75,3,9]
2 lst.sort()
3 print(lst)
```

A. [0,3,9,33,75]　　B. [0,33,75,3,9]

C. [75,9,0,3,33]　　D. lst

2. 运行下列代码

```
1 i = int(input())
2 a = list(range(0,i))
3 print(a)
```

输入 6，则输出结果是（　　）。

A. [0,1,2,3,4,5,6]　　B. [0,1,2,3,4,5]

C. [1,2,3,4,5,6]　　D. [1,2,3,4,5]

3. 运行下列代码，输出结果是（　　）。

```
1 l = ['李','王','陈']
2 l[1] = '胡'
3 l.append('张')
4 l.pop(2)
5 print(l)
```

A. ['李','王','张']　　B. ['李','胡','陈']

C. ['李','胡','张']　　D. ['李','陈','张']

4. 请编写一个程序：用户分三次输入，每次输入一个字符串。全部输入完成后用英文逗号“,”连接并打印出来。

输入格式：

分三次输入，每次输入一个字符串

输出格式：

输出一个逗号连接的完整字符串

输入样例：

篮球

足球

乒乓球

输出样例：

篮球 , 足球 , 乒乓球

5. 某小区统一注射疫苗，为了便于查询业主是否注射疫苗，需要编写一个程序，用户先输入所有已经注射过疫苗的人名，用逗号分隔；程序可以查询某个人是否注射过疫苗。

输入样例 1：

张三 , 李四 , 王五 , 赵六

张三

输出样例 1：

已注射

输入样例 2：

赵云

输出样例 2：

未注射

第六单元
字符串的处理

魔术大师字符串君，能切，能合，能变身。

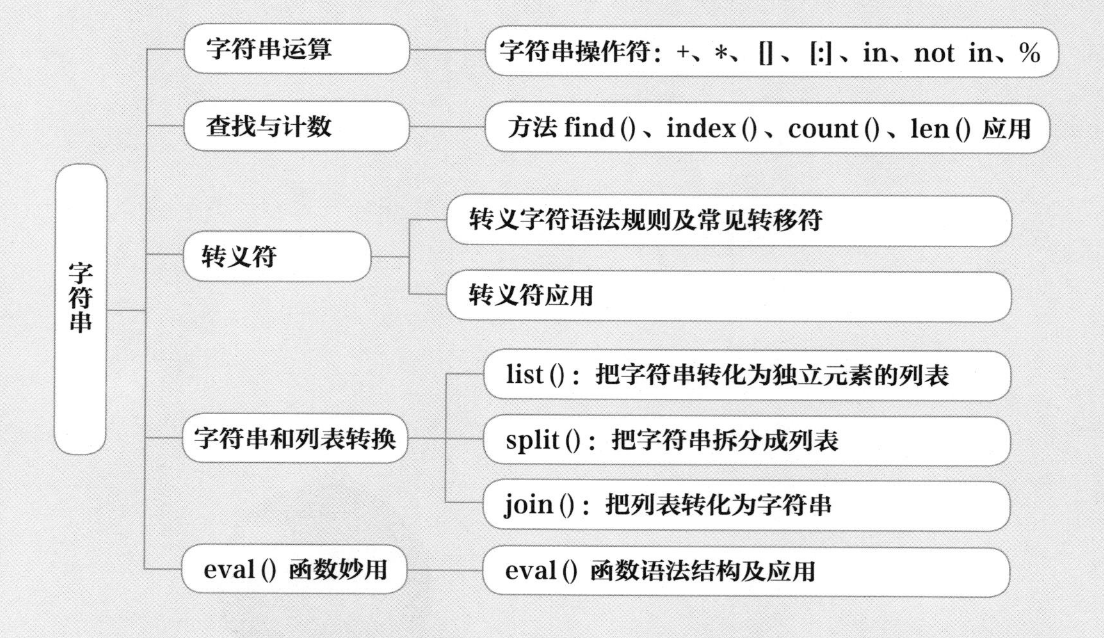

字符串
字符串运算
字符串操作符：+、*、[]、[:]、in、not in、%
查找与计数
方法 find()、index()、count()、len() 应用
转义符
转义字符语法规则及常见转移符
转义符应用
字符串和列表转换
list()：把字符串转化为独立元素的列表
split()：把字符串拆分成列表
join()：把列表转化为字符串
eval() 函数妙用
eval() 函数语法结构及应用

第24课　字符串运算

第一章中我们已经学过字符串的基本用法，其实字符串还有很多方法，利用这些方法可以帮助我们完成很多有趣的功能。

编程新知

Python 提供了方便灵活的字符串运算，下表列出了可以用于字符串运算的运算符。实例中变量 a 的值为“Hello”，b 的值为“Python”。

作符	描述
+	字符串连接
*	重复输出字符串
[]	通过索引获取字符串中字符
[:]	截取字符串中的一部分
in	成员运算符，如果字符串中包含给定的字符返回 True，否则返回 False
not in	成员运算符，如果字符串中不包含给定的字符返回 True，否则返回 False
%	格式字符串

字符串加“+”

可以把两个或多个字符串连接到一起。

编程示例：

```
1  str1 = 'Hello'
2  str2 = 'NCT'
3  print(str1 + str2)
```

控制台

```
HelloNCT
程序运行结束
```

注意："+"两边是字符串类型，如果有数字类型，需要用 str() 函数转换后才能相加。

字符串乘"*"

1 个字符串与整数 n 相乘，返回的是这个字符串重复 n 次的新字符串。其格式：

```
'字符串1' * n
```

例如：

```
str1 = 'Python'
print(str1 * 3)
```

控制台

```
PythonPythonPython
程序运行结束
```

通过实验看到，Python 重复了 3 次生成了一个新的字符串。

字符串索引访问

和列表通过索引获取元素一样，字符串也可以通过索引获取其中的某个字符。

编程示例：

```
str1 = '人生苦短，我学 Python'
print(str1[1],str1[-1])
```

控制台

```
生 n
程序运行结束
```

字符串切片“[:]”

像列表的切片一样，字符串也可以切片，字符串切片的语法与列表切片的语法是完全相同的。语法格式如下：

```
str = '字符串'
str[start:end:step]
```

其中 start 表示字符串开始的位置，默认是 0。

end 表示切片截止的位置(不包含)，默认是字符串长度。

step 表示切片的步长，默认是 1。

当 start 是 0 时，可以省略；当 end 是列表的长度时，可以省略。

当 step 是 1 时，也可以省略，并且省略步长时可以同时省略最后一个冒号。

此外，当 step 为负数时，表示反向切片，这时 start 值应该比 end 值大。

程序示例：

```
1  str1 = 'ABCDEFG'
2  print(str1[::])#'ABCDEFG' 返回包含字符串所有字符
3  print(str1[::-1])#'GFEDCBA' 返回原字符串的一个逆序字符串
4  print(str1[::2])#'ACEG' 取字符串下标偶数位字符
5  print(str1[1::2])#'BDF' 取字符串下标奇数位元素
6  print(str1[3:6])#'DEF' 取字符串中下标 3 到 5 的值，步长是 1
7  print(str1[3:6:2])#'DF' 取字符串中下标 3 到 5 的值，步长是 2
8  print(str1[:10])#'ABCDEF'end 大于字符串长度时，取字符串中所有元素，省略了步长 1
9  print(str1[6:])#'G' 表示从字符串的第 6 位开始取，一直取到字符串结果，步长是 1
```

控制台

```
ABCDEFG
GFEDCBA
ACEG
BDF
DEF
DF
ABCDEFG
G
程序运行结束
```

字符串成员运算“in”“not in”

成员运算符“in”和“not in”用于判断一个字符或者一个子串是否出现或不出现在当前字符串中，出现返回 True，否则返回 False。

成员运算符“in”用于判断一个字符或者一个子串是否出现在当前字符串中。

程序示例：

```
1  str1 = '人生苦短，我学 Python'
2  print('学' in str1)
3  print('习' in str1)
```

控制台

```
True
False
程序运行结束
```

成员运算符“not in”用于判断一个字符或者一个子串是否不出现在当前字符串中。

程序示例：

```
1  str1 = '人生苦短，我学 Python'
2  print('学' not in str1)
3  print('习' not in str1)
```

控制台

```
False
True
程序运行结束
```

字符串格式化“%”

Python 字符串格式化，实际上是提前设定一种格式，将松散的字符串套用在这种格式里。“%”代表格式符（也叫占位符），表示格式化操作。

比如说制定一个模板，在模板的指定位置预留几个空位，然后根据字符串的信息在空位上填入指定的字符串。这些预留的空位，提前使用指定的特殊字符占据，而且这些指定的特殊字符被字符串替代后就不会再显现出来了。常见转化符以及对应格式如下：

转化符	描述	格式符	描述
s	字符串	%s	字符串格式化
d	十进制整数	%d	整数格式化
f	十进制浮点数	%f 或 %.nf	浮点数格式化（n 表示保留 n 位小数）

请输入加加同学姓名，并输入语文成绩、数学成绩、英语成绩，计算加加同学的总分和平均分，要求用格式化方法打印输出。

```
1  name = input ("输入姓名：")
2  score1 = int (input ("语文成绩：") )
3  score2 = int (input ("数学成绩：") )
4  score3 = int (input ("英语成绩：") )
5  total_score = score1 + score2 + score3
6  avg_score = total_score/3
7  print ('%s 的语文成绩是 %d，数学成绩是 %d，英语成绩是 %d，总成绩是 %d，平均
   成绩是 %.2f'% (name,score1,score2,score3,total_score,avg_score) )
```

控制台

```
输入姓名：加加
语文成绩：89
数学成绩：92
英语成绩：94
加加的语文成绩是 89，数学成绩是 92，英语成绩是 94，总成绩是 275，平均成绩是 91.67
程序运行结束
```

这里的 %s、%d、%f 就好像一个填空题的空，程序在执行到这行语句时，会把 name、score1、score2、score3、total_score、avg_score 这几个变量按顺序填入前面的空中。

知识要点

1. 字符串的相加是把两个字符串连接起来。

2. 字符串乘以一个整数 n 是把字符串重复 n 遍形成一个新字符串。

3. 字符串切片：[start:end:step]。

4. 判断字符串中是否包含指定字符串，用“ in”“not in” 。

5. 字符串的格式化用“%”操作符。

6. 常见的字符串格式化如：%d、%s、%f、%.nf。

课堂练习

1. 下列代码能够完成人民币（¥）与美元（$）之间的汇率兑换。运行下列代码，输入：$7，则输出结果是（ ）。

```
1  a = input ("请输入带单位的货币值，例如 ¥10 或 $60：")
2  if a[0] == "$":
3      yuan = int(a[1:]) * 7
4      print("¥",yuan)
5  elif a[0] == "¥":
6      dollar = int(a[1:]) / 7
7      print("$",dollar)
8  else:
9      print("输入格式错误")
```

A. $49　　B. ¥49

C. ¥1　　D. $1

2. 让用户输入自己的体重，并写上单位，如果输入的单位是公斤，则直接输出该用户的体重，如果用户输入的是斤则转换成公斤，如果用户输入的是磅，则经过计算转换成公斤然后输出。

提示：1 磅 =0.45 公斤

3. 以下程序的输出结果是：

```
print('圆周率的近似值是%.2f'%3.1415926)
```

4. 以下程序的运行结果是：

```
1  a = '小明'
2  b = '小轩'
3  c = '小刚'
4  print('%s对%s说：%s昨天晚上把语文书弄丢了。'%(a,b,c))
```

Unicode 码值

数字和英文字符放在字符串中时，在计算机内部是用数字来表示的，每个字符都有自己唯一对应的数字，就好像每个字符都有一个身份证号码一样，比如 65 代表字符 A，97 代表字符 a，这种数字叫作字符的 Unicode 码值。0–9 的 Unicode 码值是 48–57，也就是说 0 的 Unicode 码是 48，1 的 Unicode 码值是 49，依次类推 9 的 Unicode 码值是 57。A–Z 的 Unicode 码值是 65–90，a–z 的 Unicode 码值是 97–122。

在计算机比较两个字符大小的时候，比较的是字符的 Unicode 码的大小，所以 'b' > 'a' 是 True，'b' < 'a' 是 False。

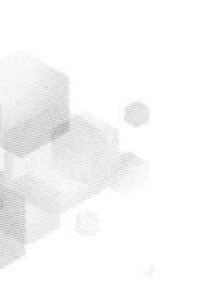

第 25 课　字符串查找和计数

前一节课，我们学过字符串的成员运算，可以判断一个字符或者字符串是否存在于字符串中。如果我们想知道字符或字符串在什么位置或者出现多少次，怎么办呢？

编程新知

字符查找方法 find()、index()

判断一段字符串是否在另一个字符串里，我们可以用 in 关键字，编程示例：

```
1 str1 = '绿水青山就是金山银山'
2 if '金山' in str1:
3     print('存在')
4 else:
5     print('不存在')
```

如果我们想知道“金山”在字符串的什么位置，可以用 index() 方法或 find() 方法，用法如下：

```
print(str1.index('金山'))
```

或

```
print(str1.find('金山'))
```

控制台

```
6
程序运行结束
```

用两种方法都可以找到“金山”在字符串的下标为 6 的位置，这两种方法的区别是，find() 方法找不到字符串会返回 -1，而 index() 方法如果找不到字符串会报错。

```
1  str1 = '绿水青山就是金山银山'
2  print(str1.find('铜山'))
3  print(str1.index('铜山'))
```

控制台

```
-1
Traceback (most recent call last):
  File "D:\temp.py", line 3, in <module>
    print(str1.index('铜山'))
ValueError: substring not found
程序运行结束
```

find() 函数执行的结果中的 -1 表示没有找到，而 index() 函数执行的时候直接报错了。

len() 函数

len() 函数同样可以用在字符串变量上，可以返回字符串的长度。

程序示例：

```
1  print(len(str1))
```

控制台

```
10
程序运行结束
```

count() 方法

count() 方法用来计算一个字符串中出现了几次子字符串。

程序示例：

```
print(str1.count('山')) # 计算 str1 有几个“山”
```

控制台

```
3
程序运行结束
```

列表的遍历是把列表中的每一个元素访问一遍，字符串的遍历则是把字符串中

的每一个字符访问一遍，同样可以用 for–in 循环或用下标的方法。

我们可以用字符串遍历的方法计算出这段文字的长度，一共出现了几个不同的文字，其中每个字出现的次数是多少。

提示：用列表保存出现过的字符，遍历时先判断该字符是否在列表中，如果不在就添加进去，如果已经存在了，就不用计算它的个数了。

```
1  str1 = '绿水青山就是金山银山'
2  lst = []
3  for i in str1:
4      if i not in lst:
5          print(i,str1.count(i))
6          lst.append(i)
7  print(lst)
```

```
控制台
绿 1
水 1
青 1
山 3
就 1
是 1
金 1
银 1
['绿','水','青','山','就','是','金','银']
程序运行结束
```

知识要点

1. 字符串的 find() 方法

从字符串中搜索指定字符串，如果找不到则返回“–1”。

2. 字符串的 index() 方法

从字符串中搜索指定字符串，如果不存在则会报错。

3. 字符串的 count() 方法

从字符串中计算指定字符串的数量。

4. len() 函数

计算字符串的长度。

课堂练习

1．运行下列代码，输出结果是（　　）。

```
1 s = " 鹅鹅鹅，曲项向天歌 "
2 print(s.count(" 鹅 "))
```

A．3　　　　B．4

C．鹅鹅鹅　　　　D．鹅鹅鹅，曲项向天歌

2．运行下列代码，输出结果是（　　）。

```
1 str1 = ' 当春乃发生 '
2 a = " 春 "
3 print(str1.find(a))
```

A．0　　　　B．1

C．2　　　　D．3

3．运行下列代码，输出结果是（　　）。

```
1 s = 'Hi i am Jack'
2 a = "am"
3 print(s.find(a))
```

A．0　　　　B．2

C．3　　　　D．5

4．运行下列代码，输出结果是（　　）。

```
1 s1 = 'COOK'
2 s2 = '-'.join(s1)
3 print(s2)
```

A．COOK　　　　B．C–O–O–K

C．C O O K　　　　D．–C–O–O–K–

5．任意输入一段字符，判断是否存在字符 'a'，如果存在则输出存在字符 'a'，有几个字符 'a'，第一个字符 'a' 出现在这段字符串中是第几个字符？

第 26 课　转义字符

一个字符串中出现的字符大部分都是能看得见能打印输出的，但是有一些字符比如换行符号，无法在字符串中表示出来，我们用反斜杠“\”开头的字符序列表示，这样的特殊字符串我们称为转义字符。

编程新知

比如：“\n”代表换行，“\t”代表制表符，也就是键盘上的 Tab 键。

编程示例：

```
1  str1 = '1. 你好啊，全世界'
2  str2 = '2. 你好啊，\n 全世界'
3  print(str1)
4  print(str2)
```

控制台

```
1. 你好啊，全世界
2. 你好啊，
全世界
程序运行结束
```

我们可以看到“\n”把字符串分成了两行。

转义字符还有一个重要的功能，当我们需要在字符串中输入单引号或双引号的时候，也许可以这么写：

```
1  str1 = '字符串要用'引起来'
```

但事实上，这种写法是错误的，因为这三个单引号都一样，编译器无法区分哪个是用来结束字符串的。这时候就要用到转义，我们用“\'”来代表一个单引号，把上面的程序改成如下格式。

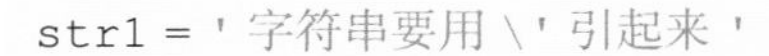

这样就没问题了。

常用的转义字符如下：

转义字符	含义
\n	换行符
\'	单引号
\"	双引号
\t	制表符
\\	反斜杠
\r	回车

细心的同学也许已经注意到了，字符串中用双反斜杠来代表一个反斜杠，因为“\”代表这是一个转义字符。

“\t”制表符是一个比较有意思的字符，它可以根据输出的内容自动补充 0 到 8 个空格，来使输出内容对齐。

“\r” 表示回车，将“\r”后面的内容移到字符串开头，并逐一替换开头部分的字符，直至将“\r”后面的内容完全替换完成。

```
print("白日依山尽,\r黄河入海流")
```

控制台

```
黄河入海流,
程序运行结束
```

编写一个程序，打印出班里同学的成绩表，要求尽量美观。加加同学用下面的语句：

```
1  print('姓名 语文 数学 英语 物理 化学 信息')
2  print('加加 99 98 93 94 97 100')
3  print('小轩 95 91 100 95 93 99')
4  print('霏霏 97 90 97 92 100 96')
```

```
控制台
姓名 语文 数学 英语 物理 化学 信息
加加 99 98 93 94 97 100
小轩 95 91 100 95 93 99
霏霏 97 90 97 92 100 96
程序运行结束
```

而小轩同学写的程序：

```
1 print('姓名\t语文\t数学\t英语\t物理\t化学\t信息')
2 print('加加\t99\t98\t93\t94\t97\t100')
3 print('小轩\t95\t91\t100\t95\t93\t99')
4 print('霏霏\t97\t90\t97\t92\t100\t96')
```

```
控制台
姓名	语文	数学	英语	物理	化学	信息
加加	99	98	93	94	97	100
小轩	95	91	100	95	93	99
霏霏	97	90	97	92	100	96
程序运行结束
```

通过这个程序可以看出，\t 在美化输出上起到了神奇的作用。

\t 的作用是，计算前面的字符串长度是否是 8 的整数倍，如果不是，就用空格补齐。

再继续改进程序，我们用“_”来表示横边，让程序把表格的边框打印出来。

知识要点

1. 字符串中的特殊字符需要用转义的方式来呈现，转义字符是用“\”来表示。

2. 常见的转义符：

\n：换行符 \'：单引号 \"：双引号 \t：制表符 \\：反斜杠 \r：回车

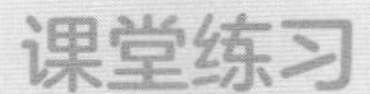

1．运行代码，输出结果是（　　）。

```
1  print("Hello\nWorld!")
```

A．Hello　　　　B．Word!

C．Hello World!　　　　D．Hello
Word!

2．请同学们编写程序，打印输出如下格式：

控制台

姓名	语文	数学	英语	物理	化学	信息
加加	99	98	93	94	97	100
小轩	95	91	100	95	93	99
霏霏	97	90	97	92	100	96

程序运行结束

easygui 库的使用

easygui 是一个图形用户界面。使用 easygui 之前需要引入该库：

import easygui as eg

看起来和海龟库用法很相似。

easygui 包含了多种不同的界面控件。

1．msgbox() 显示对话框

msgbox() 会生成一个对话框，显示参数的内容，注意，这里的 msgbox() 函数不支持输出多个参数，也不支持数字。想要把多个变量组合输出，需要用“+”操

作符把变量合并。

程序示例：

```
eg.msgbox('我的年龄是'+str(10)+'岁')
```

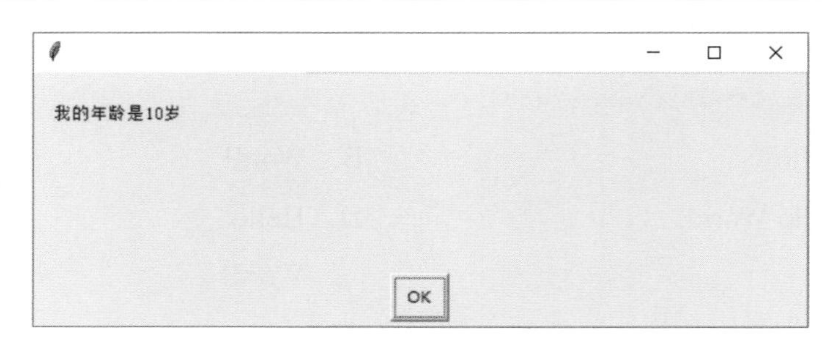

msgbox 对话框里可以加入图片，这需要我们先保存程序，然后把图片和程序放在同一个目录下，运行下面代码：

```
eg.msgbox('我的年龄是'+str(10)+'岁',image='草地.png')
```

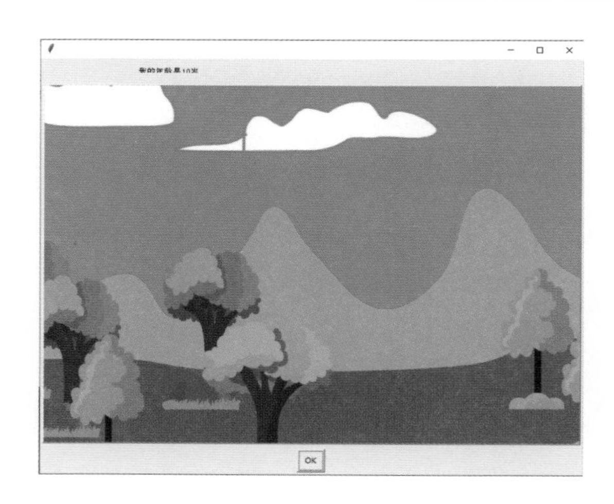

2．buttonbox() 显示一个带有按钮的对话框

参数介绍：msg 就是信息体文字，title 就是标题，choices 是一个包含界面上按钮的列表。

```
1 import easygui as eg
2 buttonList=['是的','必须的']
3 a=eg.buttonbox('您喜欢编程吗？',choices=buttonList)
4 print(a)
5 if a=='是的':
```

```
6        print('那很好，加油')
7    else:
8        print('你真应该了解一下编程，很有趣的')
```

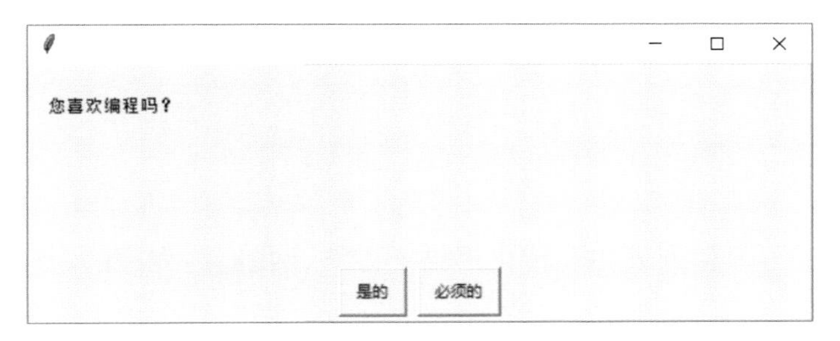

3．enterbox() 显示一个带有输入框的对话框

```
1    import easygui as eg
2    a = eg.enterbox('请输入你的姓名')
3    print(a,'你好')
```

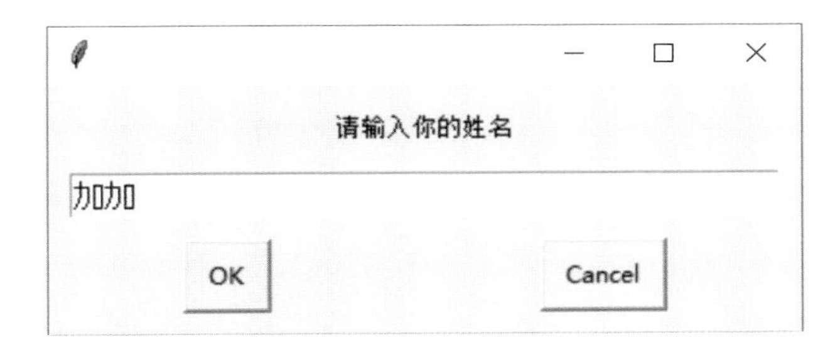

easygui 还有很多其他功能，感兴趣的同学可以自行学习。

第 27 课　字符串和列表的互相转化

Python 为字符串和列表相互转化提供了方法，我们写程序的时候用起来也非常方便。

编程新知

list () 函数

list() 函数直接把字符串每个字符转化为列表元素。

```
1  str1 = 'abcd'
2  list1 = list (str1)
3  print (list1)
```

控制台

['a', 'b', 'c', 'd']
程序运行结束

split () 方法

split() 方法把字符串按照指定的分隔符拆分成列表元素。

编程示例：

```
1  name1 = '张三，李四，王五，赵六'
```

这个字符串中存放的名字都是用逗号分隔的，我们就可以用 split() 方法把字符串拆成列表。

```
1  a = name1.split(',')
2  print(a)
```

控制台

```
['张三', '李四', '王五', '赵六']
程序运行结束
```

可以看到 a 是一个列表，存放着字符串转换后的元素。

此方法可以用于用户一次性输入多个数据的时候，把输入结果拆分后再使用。这样方便 输入和计算。

join() 方法

join() 方法，用指定的字符将列表中的元素连接起来，生成一个新的字符串。

```
1  b = ['a','b','c']
2  print(b)
3  c = '*'.join(b)
4  print(c)
```

控制台

```
['a', 'b', 'c']
a*b*c
程序运行结束
```

注：把列表组合成字符串通常用来输出列表中的内容，为的是让输出结果易于阅读。

知识要点

1. **list() 函数，能把字符串每个字符转化为独立元素的列表。**
2. **split() 方法，能把字符串拆分成列表。**
3. **join() 方法，能把列表组合成字符串。**

课堂练习

1. 运行下列代码，输出的结果是（　）。

```
1  lst = ["新","年","快","乐"]
2  s = ''.join(lst)
3  # 第 2 行是无空格，是空字符串
4  print(s)
```

A. 新，年，快，乐　　B. 新 年 快 乐

C. 新年快乐　　D. 结果不确定

2. 运行下列代码，输出的结果是（　）。

```
1  l_s = 'NCT Python 四级'
2  print(l_s.split()[1])
```

A. NCT　　B. Python

C. 四级　　D. [NCT, 'Python', ' 四级 ']

3. 编写一个程序，输入若干个数，输出其中的偶数。

编程百科

海龟编辑器中的快捷键

在海龟编辑器中使用快捷键 F5 可以直接运行当前程序，无需用鼠标点击开始按钮。

Ctrl + S 可以快速保存当前程序。

Ctrl + Shift + C 可以从控制台中复制内容。

Ctrl + Shift + V 可以向控制台中粘贴内容。

Ctrl + / 可以快速使所选的程序变成注释，注释的代码在编译器中不会被执行。

利用复制和粘贴功能，我们调试程序的时候就可以把要输入的内容复制到剪切板中，每次启动程序粘贴进控制台即可，不用每次都重新输入了。

eval() 是一个神奇的函数，意思是“评估”，是 Python 中的一个内置函数。用于将字符串对象转化为有效的表达式参与求值运算、返回计算结果。

编程新知

eval() 函数

语法：eval(表达式 [, globals[, locals]]),

其中：

表达式是一个参与计算的 Python 表达式

globals 是可选的参数，如果设置属性不为 None 的话，就必须是 dictionary 对象。

locals 也是一个可选的对象，如果设置属性不为 None 的话，可以是任何 map 对象。

例如，直接将字符串进行运算：

```
1  print(eval('3 + 5'))
2  print(eval('3 * 5'))
```

控制台

```
8
15
程序运行结束
```

eval() 函数可以轻松地将用户输入的字符串转换成元组。如果没有 eval() 函数，获得的 input() 数据是字符串。

```
1 lst1 = input (" 输入: ")
2 lst2 = eval (input (" 输入: "))
3 print (lst1,type (lst1))
4 print (lst2,type (lst2))
```

控制台

```
输入: [1,2,3,4,5]
输入: [1,2,3,4,5]
[1,2,3,4,5] <class 'str'>
[1, 2, 3, 4, 5] <class 'tuple'>
程序运行结束
```

例，编写一个程序，让用户输入 n 个用逗号分隔的数字，输出这 n 个数的平均数。

```
1 lst = eval (input ())
2 print (sum (lst) /len (lst))
```

之前我们用很多代码才能实现的功能，如今只需要用 2 行代码就完成了，是不是很酷炫呢？

eval() 函数甚至可以直接计算一个复杂的表达式。

例：

```
print (eval (input ()))
```

控制台

```
1+2*(4+5)
19
程序运行结束
```

但是 eval() 函数来执行字符串代码时，需要注意，字符串内的语法一定要符合 Python 语法，否则执行会出错

例：

```
1 s = 'abc'
2 ans = eval (s)
3 print (ans)
```

控制台

```
Traceback (most recent call last):
File “C:\Users\ADMINI~1\AppData\Local\Temp\codemao-MKQb0F/temp.py”, line 2, in
<module>
    ans=eval(s)
  File “<string>”, line 1, in <module>
NameError: name ‘abc’ is not defined
程序运行结束
```

知识要点

eval() 函数

功能：将字符串 str 当成有效的表达式来求值并返回计算结果。

语法： eval(source[, globals[, locals]]) -> value。

参数：

source：一个 Python 表达式或函数 compile() 返回的代码对象。

globals：可选。必须是 dictionary。

locals：可选。任意 map 对象。

课堂练习

1．请编写一个程序，让用户输入 10 个数，计算这 10 个数的最大值、最小值，去除最大值和最小值之后求剩余数的平均数。

2．运行下列代码，输入：[11,18,16,52, 78]，则输出结果是（　　）。

```
1  lst = eval(input())
2  for i in range(0,len(lst)//2):
3      lst[i],lst[-1-i] = lst[-1-i],lst[i]
4  print(lst)
```

A．[11,16,18,52,78]　　　　B．[78,52,16,18,11]

C．[78,52,18,11,16]　　　　D．[11,18,16,52,78]

编程百科

eval() 可以动态执行一些语句，这是很多其他语言不具备的功能，利用动态执行的功能，可以做出很多有趣的程序，比如我们写一个程序，让小学生输入自己的口算题，程序会判断他做对了还是做错了。

```
1  while True:
2      s = input()
3      ans = eval(s.replace('=','=='))
4      if ans == True:
5          print('做对了，继续努力')
6      else:
7          print('做错了，再自己思考一下')
```

控制台

```
1+2=3
做对了，继续努力
9.9*3.1=27
做错了，再自己思考一下
```

单元练习

1．大于 0 的整数中，能被 2 整除的数是偶数，否则就是奇数。下列代码可用于判断用户输入的正整数是否为偶数。则代码①处应填写的是（　）。

```
1  num = ① (input(" 请输入一个正整数 :"))
2  if num % 2 == 0:
3      print('%d 是偶数 ' % num)
4  else:
5      print('%d是奇数 ' % num)
```

A．str　　B．int

C．list　　D．float

2．运行下列代码，输出结果是（　）。

```
1  a = "/"
2  str1 = " 春风又绿江南岸 "
3  str1 = a.join(str1)
4  print(str1)
```

A．春 / 风 / 又 / 绿 / 江 / 南 / 岸　　B．春风又川绿江南岸

C．春风又绿江南岸　　D．程序错误，没有输出

3．运行下列代码，输出结果是（　）。

```
1  str1 = " 风声雨声读书声声声入耳，家事国事天下事事事关心 "
2  print(str1.count(" 事 "))
```

A．0　　B．1

C．5　　D．程序错误，没有输出

4．运行下列代码，输出结果是（　）。

```
1  str1 = "黄梅时节家家雨，青草池塘处处蛙"
2  print(str1.find("家"))
```

A. 4　　B. 5

C. 10　　D. 程序错误，没有输出

5. 请编写一个程序：输入一个字符串，输出字符串中字母 a 的个数。

输入格式：

输入一个字符串

输出格式：

输出 a 的个数

输入样例：

abstract

输出样例：

2

综合练习

1．下面哪个选项可以用来做变量名（　　）。

A．if　　B．while

C．for　　D．_name

2．运行下列代码

```
1  a = '中国'
2  b = '你好'
3  #b = '加油'
4  print(a + b)
```

输出结果是（　　）。

A．中国加油　　B．中国 加油

C．中国你好　　D．中国 你好

3．以下选择不符合 Python 变量命名规范的是（　　）。

A．DD　　B．8time

C．____a　　D．b3

4．运行下列代码，输出结果是（　　）。

```
1  try:
2      a = int('九十九')
3      print(a + 1)
4  except:
5      print('别乱写中文')
6  else:
7      print('做完了，没错')
```

A．99　　B．100

C．做完了，没错　　D．别乱写中文

5．运行下列代码，输出结果是（　）。

```
1  a = [1,3,5,7,9]
2  s = 0
3  for c in a:
4      s += c
5  print(s)
```

A．55　　B．45

C．100　　D．25

6．运行下列代码，输出结果是（　）。

```
print(pow(6,2))
```

A．12　　B．62

C．36　　D．3

7．运行下列代码，输出结果是（　）。

```
1  a = eval('3 + 5 - 2')
2  print(a)
```

A．6　　B．7

C．8　　D．9

8．运行下列代码，输出结果是（　）。

```
1  print(5 == 5 and 5 >= 5)
```

A．True　　B．False

C．不知道　　D．1

9．表达式 list(range(1,10)) 的值是（　）。

A．[1,2,3,4,5,6,7,8,9]　　B．[1,2,3,4,5,6,7,8,9,10]

C．[1,3,5,7,9]　　D．[0,2,4,6,8,10]

10．运行下列代码，输出结果是（　）。

```
1  list1 = '8'
2  print(2 * list1)
```

A．16　　B．88

C．2*8　　D．28

11．运行下列代码，输出结果是（　）。

```
1  a = 3
2  a = a * 2
3  a *= 3
4  print(a)
```

A．6　　B．9

C．18　　D．24

12．运行下列代码，输出结果是（　）。

```
1  print(200 - 25 * 4)
```

A．100　　B．200

C．300　　D．400

13．运行下列表达式 list(range(1, 10, 3)) 的值为（　）。

A．[1,4,7]　　B．[1,2,3]

C．[2,5,8]　　D．[1,10,3]

14．运行下列代码，输出结果是（　）。

```
1  a = "Hello"
2  b = 'Python'
3  print(a + b)
```

A．Hello Python　　B．a+b

C．HelloPython　　D．Hello+Python

15．运行下列代码，有 3 个数字 a,b,c=1,2,3，想求这三个变量中最大的值应该用哪个函数（　）。

A．pow　　B．max

C．min　　D．sum

16．下面程序，用户输入 5，则输出（　）。

```
1  a = int(input())
2  if a > 0:
3      print('正数')
4  elif a == 0:
```

```
5     print('零')
6 else:
7     print('负数')
```

A. 正数　　B. 零

C. 负数　　D. 错误

17. 运行下列代码得到的图形是（　）。

```
1 import turtle as t
2 for i in range (0,4):
3     t.forward(100)
4     t.right(90)
```

A. 圆形　　B. 三角形

C. 正方形　　D. 五边形

18. 运行下列代码，输出结果是（　）。

```
1 for s in "abcde":
2     if s == 'a':
3         continue
4     print(s,end = '')
```

A. abcde　　B. abcd

C. bcd　　D. bcde

19. 下列代码中能计算“0 + 2 + 4 + 6 + 8”的是（　）。

A.

```
1 s = 0
2 i = 0
3 while i <= 9
4     s += i
5 print(s)
```

B.

```
1  s = 0
2  i = 0
3  while  i <= 9
4      s += i
5      i += 2
6  print(s)
```

C.

```
1  s = 0
2  for i in range(1,10,2):
3      s += i
4  print(s)
```

D.

```
1  s = 0
2  for i in range(1,9):
3      s += i
4  print(s)
```

20. 请编写一个程序，分别输入 3 个正整数，按照如下要求输出。

输入格式：

分 3 次输入，每次输入 1 个正整数

输出格式：

输出 3 个中最大的数和最小的数

21. 在一行中输入多个数字，用空格分隔，输出这些数的总和。

输入样例：

1 9 8 9

输出样例：

27

22. 用户输入一个数，用程序计算从 1 到这个数之内总共有多少个 3 的倍数。

输入样例：

20

输出样例：

6

附　录

1．Python 中的保留字

保留字是 Python 语言中一些已经被赋予特定意义的单词，这就要求开发者在开发程序时，不能使用这些保留字作为标识符给变量、函数、类、模板以及其他对象命名。

Python 中有如下 33 个保留字：

and as assert break class continue def del elif else except finally for from False global if import in is lambda nonlocal not None or pass raise return try True while with yield

需要注意的是，由于 Python 是严格区分大小写的，保留字也不例外。所以，我们可以说 if 是保留字，但 IF 就不是保留字。

序号	保留字	含义
1	and	用于表达式运算，逻辑与操作
2	as	用于类型转换
3	assert	断言，用于判断变量或条件表达式的值是否为真
4	break	中断循环语句的执行
5	class	用于定义类
6	continue	继续执行下一次循环
7	def	用于定义函数或方法
8	del	删除变量或序列的值
9	elif	条件语句，与 if,else 结合使用
10	else	条件语句，与 if,elif 结合使用，也可用于异常和循环语句
11	except	except 包含捕获异常后的操作代码块，与 try,finally 结合使用

续表

序号	保留字	含义
12	None	None 是 Python 中特殊的数据类型‘NoneType’，None 与其他非 None 数据相比，永远返回 False
13	for	for 循环语句
14	finally	用于异常语句，出现异常后，始终要执行 finally 包含的代码块，与 try，except 结合使用
15	from	用于导入模块，与 import 结合使用
16	global	定义全局变量
17	if	条件语句，与 else，elif 结合使用
18	import	用于导入模块，与 from 结合使用
19	in	判断变量是否在序列中
20	is	判断变量是否为某个类的实例
21	lambda	定义匿名变量
22	not	用于表达式运算，逻辑非操作
23	or	用于表达式运算，逻辑或操作
24	pass	空的类，方法，函数的占位符
25	True	Python 中的布尔类型，与 False 相对
26	raise	异常抛出操作
27	return	用于从函数返回计算结果
28	try	try 包含可能会出现异常的语句，与 except，finally 结合使用
29	while	while 的循环语句
30	with	简化 Python 的语句
31	yield	用于从函数依此返回值
32	nonlocal	nonlocal 是在 Python3.2 之后引入的一个关键字，它是用在封装函数中的，且一般用于嵌套函数的场景中
33	False	Python 中的布尔类型，与 True 相对

2．标准范围的 Python 标准函数列表

函数	描述	级别
input([x])	从控制台获得用户输入，并返回一个字符串	Python 一级
print(x)	将 x 字符串在控制台打印输出	Python 一级
pow(x,y)	x 的 y 次幂，与 x**y 相同	Python 一级
round(x[,n])	对 x 四舍五入，保留 n 位小数	Python 一级
max(x_1, x_2,……, x_n)	返回 x_1, x_2, ……, x_n 的最大值，n 没有限定	Python 一级
min(x_1, x_2,……, x_n)	返回 x_1, x_2, ……, x_n 的最小值，n 没有限定	Python 一级
sum(x_1, x_2,……, x_n)	返回参数 x_1, x_2, ……, x_n 的算术和	Python 一级
len()	返回对象（字符、列表、元组等）长度或项目个数	Python 一级
range(x)	返回的是一个可迭代对象（类型是对象）	Python 一级
eval(x)	执行一个字符串表达式 x，并返回表达式的值	Python 一级
int(x)	将 x 转换为整数，x 可以是浮点数或字符串	Python 一级
float(x)	将 x 转换为浮点数，x 可以是整数或字符串	Python 一级
str(x)	将 x 转化为字符串	Python 一级
list(x)	将 x 转换为列表	Python 一级

表 1　青少年编程能力 Python 语言的等级划分

等级	能力目标	等级划分说明
Python 一级	基本编程思维	具备以编程逻辑为目标的基本编程能力
Python 二级	模块编程思维	具备以函数、模块和类等形式抽象为目标的基本编程能力
Python 三级	基本数据思维	具备以数据理解、表达和简单运算为目标的基本编程能力
Python 四级	基本算法思维	具备以常见、常用且典型算法为目标的基本编程能力

补充说明：Python 一级包括对函数和模块的使用，例如，对标准函数和标准库的使用，但不包括函数和模块的定义。Python 二级包括对函数和模块的定义。

“Python 一级”的详细说明

1．能力目标及适用性要求

Python 一级以基本编程思维为能力目标，具体包括如下 4 个方面：

（1）基本阅读能力：能够阅读简单的语句式程序，了解程序运行过程，预测运行结果；

（2）基本编程能力：能够编写简单的语句式程序，正确运行程序；

（3）基本应用能力：能够采用语句式程序解决简单的应用问题；

（4）基本工具能力：能够使用 IDLE 等展示 Python 代码的编程工具完成程序编写和运行。

Python 一级与青少年学业存在如下适用性要求：

（1）阅读能力要求：认识汉字并阅读简单中文内容，熟练识别英文字母，了解并记忆少量英文单词，识别时间的简单表示；

（2）算术能力要求：掌握自然数和小数的概念及四则运算方法，理解基本推理逻辑，了解角度、简单图形等基本几何概念；

（3）操作能力要求：熟练操作无键盘平板电脑或有键盘普通电脑，基本掌握鼠标的使用。

2．核心知识点说明

Python 一级包含 12 个核心知识点，如下表所示，知识点排序不分先后。

青少年编程能力“Python 一级”核心知识点说明及能力要求

编号	知识点名称	知识点说明	能力要求
1	程序基本编写方法	以 IPO 为主的程序编写法	掌握“输入、处理、输出”程序编写方法，能够辨识各环节，具备理解程序的基本能力

续表

编号	知识点名称	知识点说明	能力要求
2	Python 基本语法元素	缩进、注释、变量、命名和保留字等基本语法	掌握并熟练使用基本语法元素编写简单程序，具备利用基本语法元素进行问题表达的能力
3	数字类型	整数类型、浮点数类型、真假无值及其相关操作	掌握并熟练编写带有数字类型的程序，具备解决数字运算基本问题的能力
4	字符串类型	字符串类型及其相关操作	掌握并熟练编写带有字符串类型的程序，具备解决字符串处理基本问题的能力
5	列表类型	列表类型及其相关操作	掌握并熟练编写带有列表类型的程序，具备解决一组数据处理基本问题的能力
6	类型转换	数字类型、字符串类型、列表类型之间的转换操作	理解类型的概念及类型转换的方法，具备表达程序类型与用户数据间对应关系的能力
7	分支结构	if、if…else、if…elif…else 等构成的分支结构	掌握并熟练编写带有分支结构的程序，具备利用分支结构解决实际问题的能力
8	循环结构	for、while、continue 和 break 构成的循环结构	掌握并熟练编写带有循环结构的程序，具备利用循环结构解决实际问题的能力
9	异常处理	try_except 构成的异常处理方法	掌握并熟练编写有异常处理能力的程序，具备解决程序基本异常问题的能力
10	函数使用及标准函数 A	函数使用方法，10 个左右 Python 标准函数（见附录 A）	掌握并熟练使用基本输入、输出和简单运算为主的标准函数，具备运用基本标准函数的能力
11	Python 标准库入门	基本的 turtle 库功能，基本的程序绘图方法	掌握并熟练使用 turtle 库的主要功能，具备通过程序绘制图形的基本能力
12	Python 开发环境使用	Python 开发环境使用，不限于 IDLE	熟练使用某一种 Python 开发环境，具备使用 Python 开发环境编写程序的能力

参考答案